蛋鸡
标准化饲养实用技术

《蛋鸡标准化饲养实用技术》编写组
编　　著：张世忠　陈仕龙　吴胜会　万春和　黄小红
编写人员：罗忠宝　江　斌　陈秀琴　蓝豪杰　王　劭

海峡出版发行集团 THE STRAITS PUBLISHING & DISTRIBUTING GROUP | 福建科学技术出版社 FUJIAN SCIENCE & TECHNOLOGY PUBLISHING HOUSE

图书在版编目（CIP）数据

蛋鸡标准化饲养实用技术 / 张世忠等编著. —福州：福建科学技术出版社, 2022. 9

ISBN 978-7-5335-6792-7

Ⅰ. ①蛋… Ⅱ. ①张… Ⅲ. ①卵用鸡–饲养管理–标准化 Ⅳ. ①S831. 4. 65

中国版本图书馆CIP数据核字（2022）第121572号

书　　名　**蛋鸡标准化饲养实用技术**

编　　著　张世忠　陈仕龙　吴胜会　万春和　黄小红

出版发行　福建科学技术出版社

社　　址　福州市东水路76号（邮编350001）

网　　址　www.fjstp.com

经　　销　福建新华发行（集团）有限责任公司

印　　刷　福州德安彩色印刷有限公司

开　　本　700毫米×1000毫米　1/16

印　　张　11.75

字　　数　187千字

版　　次　2022年9月第1版

印　　次　2022年9月第1次印刷

书　　号　ISBN 978-7-5335-6792-7

定　　价　40.00元

序

中国的蛋鸡存栏量达11.59亿羽。中国是世界最大的鸡蛋生产和消费大国。从蛋鸡产业化历程看，我国的蛋鸡业在20世纪70年代才起步，80年代进入专业化饲养代替传统型农户散养的快速发展阶段。至20世纪末，“公司加农户”成为蛋鸡业当时的主流。21世纪以来，“公司加农户”“一体化生产基地模式”“专业化养殖”这几种模式并存发展为蛋鸡产业的主体。近年，在科技进步和市场需求的推动下，这几种主体模式又迅速向规模化、机械化、标准化、智能化方向提升，其中标准化养殖日益得到重视。许多专业化养殖场在饲料营养标准化、饲养管理标准化的基础上，进一步向生物安全、疫病防控、智能设备标准化推进。

福建省蛋鸡存栏已达2500多万羽，其规模化程度已达国内领先位置。规模化程度的不断提高，对标准化饲养提出了新的更高的要求。从福建省当前蛋鸡养殖业来看，一些问题要重视解决。如蛋鸡专业技术队伍应进一步加强建设，科学防控、防重于治的理念应该强化，规模化养殖场智能化管理尚处于起步阶段需要加快推进，等等。因此，许多蛋鸡从业者和专业技术人员，都希望能有实用、可行的相关专业图书供生产实践过程学习和参考，以提高业务水平。本书的出版正照应了这种需求。参加本书编撰的作者，不但有多年从事蛋鸡养殖、疫病防控等方面实践积累的经验，而且有长期对禽类规模化、标准化、健康养殖及禽类食品安全等方面研究探索的成果。纵观全书，这是蛋鸡标准化饲养产、学、研、用较为系统的理论与实用技术综合的科技书籍。全书内容通俗易懂，图文并茂，还附有一批福建省规模化、标准化蛋鸡场的相关视频，方便读者学习掌握新成果、新技术。相信本书的出版对广大从事蛋鸡产业的技术、管理人员大有裨益。

黄一帆

福建省畜牧兽医学会理事长

福建农林大学原副校长、教授

前言

近年来，我国蛋鸡的养殖规模和总产量不断提升，蛋鸡养殖企业（场）数量不断下降，规模化程度越来越高，由此推动商品蛋鸡养殖的标准化鸡舍更加普及，机械化、数字化、智能化养殖设备的应用更加广泛。但不容忽视的是，我国蛋鸡产业发展过程中仍然存在着一些比较突出的问题，如长期重医治轻管理、从业人员普遍素质较低等，导致设备在实际应用中无法发挥出最佳效果。另外，长期以来鸡蛋的生产和销售脱节，鸡蛋的价格一直处于低迷的水平，制约了蛋鸡产业生态链的健康发展。

本书共九章，即蛋鸡场选址布局与建设、蛋鸡舍设施与设备、蛋鸡舍内外环境控制与管理、蛋鸡饲养管理、蛋鸡饲料与日粮配制、蛋鸡常见疾病防控、蛋鸡场生产管理、智能化设备与鸡蛋可追溯系统的应用，以及蛋鸡场环保设施建设。全书以图文结合视频的方式，深入浅出地介绍蛋鸡生产中各环节关键技术。希望本书能帮助养殖场的经营者和技术人员提高蛋鸡养殖水平。

本书在编写过程中得到福建省农业科学院、福建农林大学老师们的帮助，书中部分图片和视频拍摄于福建光阳蛋业股份有限公司和福州市华翔农业发展有限公司，福建省农业科学院畜牧兽医研究所支原体研究室提供滑液囊支原体菌落和PCR电泳图片，在此一并表示感谢。

本书获得福建省家禽业技术体系（2019—2022）、福建省属公益类科研院所专项（2021R1026003）和福建省农业科学院科技示范基地项目共同资助。

作　者

目录

一、蛋鸡场选址布局与建设

（一）蛋鸡场选址

场址的选择应根据蛋鸡场养殖规模和饲养模式，综合考虑选址的地形、地貌、水源、土壤、当地气候等自然条件，同时还需符合本地区畜牧业生产发展的总体规划、土地使用性质、城乡建设发展布局和环境保护发展纲要的选址要求。

1. 基础设施

应选择地势高燥、交通运输便利、水电供应有保证、生物安全屏障条件好的地方建场，且要求水源充足，水质符合畜禽饮用水标准要求。

2. 生物安全屏障

蛋鸡场应位于居民区主风向下风处。蛋鸡场距离动物隔离场所、无害化处理场所和动物诊疗机构 3000 米以上；距离城镇居民区、文化教育和科研机构等人员集中区域，以及公路、铁路等主要交通干线 1000 米以上；距离生活饮用水源地、动物屠宰加工场所、动物和动物产品集贸市场 500 米以上。禁止在生活饮用水水源保护区、风景名胜区、自然保护区和空气污染严重的地区建场。

（二）蛋鸡场布局

新建蛋鸡场要充分考虑地形与地势，坚持蛋鸡场的生物安全风险由高到低的原则。新建蛋鸡场全年主风向由管理区—生活区—生产区—环保处理区（图 1-1）。各功能区间设立物理屏障，鸡场周围应设有围墙或铁丝隔离网。蛋鸡场应严格执行生产区、管理区与生活区相隔离的原则，净道和污道分开，互不交叉，并设环保处理区和病死鸡无害化处理区。管理区和生活区是蛋鸡场经营管理与员工生活休闲的场所，应设在上风处（图 1–2、图 1–3）；环保处理区和病死鸡无害化处理区设在下风处。大门前设车辆消毒池，两侧设门卫、消毒更衣室和物质转运场所（图 1–4）。

图 1–1　鸡场平面布局图

图 1–2　鸡场综合办公区

图 1–3　鸡场生活区

图 1–4　车辆进出消毒通道

1. 鸡舍布局

生产区是鸡场的核心。鸡舍应根据主风向与地势排列。鸡舍一般采取横向成排（东西）、纵向成列（南北）的排列方式，即各鸡舍栏间应平行整齐，不能相交（图 1–5）。鸡舍的排列要根据场地的地形和地势、鸡舍的栋数和每栋鸡舍的长度，合理布局为单列、双列或多列式。鸡舍朝向以朝南向、稍偏西南或偏东南为宜，冬季利于防寒保温，夏季利于防暑。鸡舍间距应是檐高的3~5倍，开放式鸡舍应为5倍，封闭式鸡舍一般为3倍，按育雏舍、育成舍、产蛋鸡舍顺序设置。育雏舍在上风向，产蛋鸡舍在下风向。育雏舍与产蛋鸡舍应相隔一定的距离或做物理隔离，防止交叉感染（图1-6、图1-7）。

图1-5　鸡舍分布排列

图1-6　育雏和育成鸡舍

图1-7　产蛋鸡舍

2. 环保处理区

环保处理区包括病死鸡隔离、剖检、化验、处理等房舍和设施，以及粪便、污水处理及贮存等设施和设备（图1-8、图1-9）。该区应设在全场的下风向和地势最低处，与管理区、生活区和生产区之间的距离不小于50米。

图1-8　病死鸡无害化处理区

图1-9　粪便无害化处理区

3. 道路与排水

鸡场生产区的道路应净、污道分离。净道为生产资料和人员入场通道（图 1–10），污道为运送粪便、病死鸡等污物通道。场外的道路与生产区的道路不能直接相通。场内道路应不透水，保证道路平坦畅通，路面坡度以 1% ~3% 为宜。道路宽度应满足场内运输需要，两侧应留排水明沟位置。鸡场的排水是在道路一侧或两侧设明沟，并保证排水通畅。生产区要有单独的下水道将污水排至环保区的污水处理设施。

图 1–10　人员进出通道

4. 鸡场的绿化

在鸡场的管理区和生活区可种植树木、花卉等美化环境，如桂花树、白玉兰树等香气浓郁的树木。

（三）蛋鸡舍类型

蛋鸡舍的类型主要有开放式、半开放式和全封闭式。

1. 开放式鸡舍

开放式鸡舍只有简易顶棚，四周无墙或有矮墙，通过卷帘布防风保暖。其优点是鸡舍造价低，炎热季节通风好，通风和光照费用低；缺点是因需考虑光线和通风，栏舍间距大，占地面积大，鸡群受外界环境影响较大，疾病传播风险大（图 1–11）。

扫码看视频

图 1–11　开放式鸡舍

2. 半开放式鸡舍

半开放式鸡舍有围墙和窗户，大部分自然通风和采光，炎热季度通过屋顶喷淋和加大鸡舍内的空气流通来降温。其优点是鸡舍造价相对较低，通风设备简单，成本低，光照耗电少；缺点是占地面积大，饲养密度低，劳动力费用高，炎热季节通风较差影响产蛋率，防疫风险较大（图 1–12）。

扫码看视频

图 1–12　半开放式鸡舍

3. 全封闭式鸡舍

全封闭式鸡舍建设标准高、设施齐全，一般采用隔热性能好的建筑材料。舍内环境和温度通过各种感应设备、传感器和智能中枢控制设备运行，调节鸡舍内的环境。这种鸡舍的优点是节约土地，节省劳动力，鸡舍内环境不易受外界因素的干扰，可保证鸡群的舒适度和高效的产蛋性能，有利于采用先进的饲养管理技术和对疫病的防控措施；缺点是投资大，建设标准高，设备维护成本高，耗电量大，还需备有充足的备用发电设备。另外，全封闭式鸡舍先进的设备对人员的素质要求更高（图 1–13）。

扫码看视频

图 1–13　全封闭式鸡舍

（四）鸡笼类型

1. 层叠式

层叠式养殖设备就是鸡笼一层层叠起来。由于土地资源越来越紧张，能够作为蛋鸡养殖的土地越来越少，养殖场集约化程度也就越来越高。育雏舍采用的层叠式鸡笼一般 3~4 层，产蛋鸡舍一般 4~5 层，最高分为上下两个大平层，共 8~10 层鸡笼，一栋鸡舍养 10 万只鸡。通风是层叠式鸡笼舍内环境控制最为重要的技术措施，冬季和早春考虑保温应满足最小通风量，夏季为了预防热应激可通过水帘加大通风量。采用层叠式鸡笼的蛋鸡舍是科学设计全封闭负压通风的鸡舍，配备有智能化通风—降温系统和自动光照、喂料、饮水、输粪、集蛋等设备，采用合理密度、光照制度、全价日粮等综合技术措施，实行“全进全出”，从管理理念、生产细节等层面进行疫病综合防控，构建有效的生物安全体系。层叠式鸡笼的优点是实现全自动化控制，减少了操作人员，降低了劳动强度，提高了劳动生产效率；每层笼底都有清粪输送带，保证鸡舍的干净卫生，减少有毒有害气体的产生，保证鸡的健康；鸡笼的层叠式排列占地面积小，空间利用率高，容易实现集约化和规模化饲养，鸡粪分层清理，容易收集后集中处理，鸡粪利用率高，对环境污染小；全封闭饲养模式，有利于预防传染病的发生，提高了鸡群的生产性能。缺点是投资成本高，必须采用全封闭式自动温控，否则鸡舍温度很难控制，单位能耗大，设备维护成本高；疾病防控风险系数比较高，单栋存栏鸡数量大，若发生疫情损失较大（图 1–14）。

图 1–14　层叠式鸡笼

2. 阶梯式

阶梯式养殖设备就是鸡笼呈“A”形安装，清粪有刮板清粪和皮带清粪两种。它是比较早期使用的蛋鸡养殖设备，现在一般的中小型蛋鸡养殖场还是使用阶梯式养殖设备。育雏舍阶梯式鸡笼呈阶梯式排列，一般2~3层，产蛋鸡舍一般3~4层。其优点是各层鸡笼敞开面积大，即使不是开放式鸡舍，通风也一样良好；光照比较好，能够采用自然光；雏鸡均匀度好，免疫方便。它的缺点也比较明显，饲养密度低，占地比较大，鸡笼上层鸡粪会掉到下层鸡身上（图1–15）。

图1–15　阶梯式鸡笼

3. 平养式

由于食品安全和动物福利等问题，欧美国家已广泛应用蛋鸡网上大规模、全自动平养技术。该技术要求鸡舍单栋饲养规模在5万~10万只。鸡舍采用全封闭负压通风全自动环境控制系统，通过对舍内温度、湿度的自动实时监测，在低温时通过自动调节加温系统实现升温，高温时通过自动调节湿帘、风机等的工作状态实现降温。自动控制系统可自动控制鸡舍内通风和光照。网板的高度以便于鸡粪的传输清理系统和鸡蛋中央自动集蛋系统的设置为准，可根据实际生产操作的需要进行设计。该技术采用自动链式送料、自动乳头式饮水、自动集蛋式蛋箱、自动传送带清粪。网上平养分两个阶段，即0~18周龄育雏育成阶段、19~72周龄产蛋阶段（图1–16）。

扫码看视频

图1–16　以色列平养蛋鸡舍

我国网上平养蛋鸡还处于设备相对简陋，投资少的阶段。农村空房只要稍加改造，添置少量器具即可养鸡。网上平养蛋鸡便于全面观察鸡群；鸡活动多，骨骼坚实，体质较好。但平养往往饲养密度低，单只鸡投资较大；需设产蛋箱，管理不当易发生窝外蛋；蛋面较脏，捉鸡也比较困难，不利于疫苗免疫（图 1–17）。

图 1–17　国内网上平养蛋鸡

二、蛋鸡舍设施与设备

蛋鸡舍的设施设备主要分为鸡笼设施设备、投喂料设施设备、饮水设施设备、通风设施设备、清粪设施设备，以及鸡蛋收集和输送设施设备等。

（一）鸡笼设施设备

1. 阶梯式鸡笼

选用 9WCD-3180 型 3 层阶梯式牵引行车喂料育雏育成饲养设备，整组笼具规格（长 × 宽 × 高）为 1.98 米 ×2.627 米 ×1.995 米，每组笼具 8 个单笼，每组鸡笼的饲养量为 180 只。每条单组笼尺寸（长 × 宽 × 高）为 1.95 米 ×0.62 米 ×0.39 米，每条单笼包括 3 个门，每门可养殖 10 只鸡，每只鸡占 403 厘米 ^{2}。阶梯式产蛋鸡笼：选用 9LDT-4120 型 4 层阶梯式牵引行车喂料蛋鸡饲养设备，整组笼具规格（长 × 宽 × 高）为 2 米 ×2.4 米 ×1.9 米，每组笼具 8 个单笼，每组鸡笼的饲养量为 120 只。每条单组笼尺寸（长 × 宽 × 高）为 1.96 米 ×0.35 米 ×0.38 米，每条单笼包括 5 个门，每门可养殖 3 只鸡，每只鸡占 457 厘米 ^{2}（图 2-1、图 2-2）。

图 2-1　阶梯式产蛋鸡笼

图 2-2　阶梯式产蛋鸡笼

2. 层叠式鸡笼

选用 9HLXY-4-240 型 4 层层叠式行车喂料育雏育成饲养设备，整组笼具规格（长 × 宽 × 高）为 1.95 米 ×2.627 米 ×1.995 米，每组笼具 8 个单笼，每组鸡笼的饲养量为 120 只。每条单组笼尺寸（长 × 宽 × 高）为 1.95 米 ×0.62 米 ×0.39 米，每条单笼包括 3 个门，每门可养殖 10 只鸡，每只鸡占 403 厘米 ^{2}。层叠式产蛋鸡笼：选用 9JDcHx-4-240 型 4 层层叠式行车喂料蛋鸡饲养设备，整组笼具规格（长 × 宽 × 高）为 2.28 米 ×1.59 米 ×2.55 米，每组笼具 8 个单笼，每组鸡笼的饲养量为 120 只。每条单组笼尺寸（长 × 宽 × 高）为 2.25 米 ×0.6 米 ×0.45 米，每条单笼包括 5 门，每门可养殖 6 只鸡，每只鸡占 450 厘米 ^{2}。以色列产蛋鸡笼每个单笼尺寸（长 × 宽 × 高）为 2.40 米 ×1.40 米 ×0.50 米，每组笼具 8 个单笼，每组鸡笼的饲养量为 50 只，8 个鸡笼相通可增加活动量，每只鸡占 672 厘米 ^{2}（图 2-3、图 2-4）。

图 2-3 层叠式产蛋鸡笼

图 2-4 层叠式产蛋鸡笼

（二）投喂料设施设备

投喂料设施设备主要有人工饲喂、行车式饲喂系统、螺旋绞龙式饲喂系统和链条式饲喂系统 4 种模式（图 2-5）。饲料散装罐车按时把饲料送到鸡舍外的饲料储存塔中，然后横向输料装置按设定的时间把料塔中的饲料送到每列笼架的喂料行车料斗中。待最后一个行车料斗装满饲料后，横向输料装置自动停止输送饲料。

图 2-5 人工饲喂

1. 行车式饲喂系统

喂料行车按设定的时间自动由前往后运行，均匀播撒饲料，运行到每列笼架尾端时，行车自动停下（图 2-6）。在运行过程中，行车每层的料斗对应一条料槽，能使饲料均匀地落在料槽里，每只鸡都可自由采食到新鲜的饲

图 2-6　行车式饲喂

料。鸡群把料槽里的饲料吃完后（设定一定时间），喂料行车自动往笼架前端运行，然后在头架位置自动停下。在运行过程中，行车再次把饲料均匀地落在料槽中，这个过程后即完成了一次喂料程序。1 天喂料的次数根据每个鸡场的工艺而定。应注意行车式喂料机下料管内饲料容易结拱堵塞，造成饲料分布不均匀。

2. 螺旋绞龙式饲喂系统

螺旋绞龙式饲喂系统是利用螺旋转动，快速传输饲料，降低饲料再次被碾磨的概率，但是每次传输的饲料相对链条式饲喂系统少。而且过长时间的螺旋，容易造成粉状的饲料分层，引起蛋鸡营养不均（图 2-7）。

3. 链条式饲喂系统

链条式饲喂系统是通过链条在食槽中运动来带动饲料的传送方式。这种饲喂系统在传输过程中会导致饲料颗粒分层，同时也会碾磨饲料颗粒。链条式饲喂系统中，链条过长也易造成饲料分布不均匀（图 2-8）。

图 2–7　螺旋绞龙式饲喂

图 2–8　链条式饲喂

（三）饮水设施设备

层叠式蛋鸡笼养设备的供水线设置在每层鸡笼顶部的中间，每个笼里设置 2 个乳头，供左右两边鸡笼内的鸡喝水，乳头下面设置一条“V”形接水槽，把鸡喝水时溅出的水花接住，然后自然蒸发（图 2–9）。这样溅出的水花不会掉到鸡粪里，使鸡粪更加干燥。在进入每条水线的前端设置有过滤器、智能水表、加药器和减压调节器。通过智能水表的数字信息，可以了解鸡群每天的喝水情况，也可以判断鸡群的健康状态。阶梯式蛋鸡笼养设备一般在鸡舍的一端每层安排 1~2 个水箱供水。水线一般安排在每层鸡笼的顶部中间或顶部的前后部，避免蛋鸡饮水时水溅入食槽。水线的最佳高度是鸡站直、抬头时，水正好流入喉咙。（图 2–10）

图 2-9　饮水水线

图 2-10　饮水水线最佳高度

（四）通风设施设备

1. 负压抽风机

负压抽风机通过抽取鸡舍内的空气引起鸡舍内外的空气压力差，使鸡舍外的空气通过水帘传入鸡舍内，让鸡舍内的温度迅速降低，减少鸡群热应激的发生。负压抽风机用于全封闭的鸡舍，鸡舍的密封性越好，抽风的效果越佳（图 2-11）。

2. 正压抽风机

正压抽风机通过抽风机叶片的快速旋转带动鸡舍内的空气流通，使鸡舍内的空气流动加快并带动鸡舍外的空气通过水帘传入鸡舍，让鸡舍内的温度大大地降低（图 2-12）。

图 2-11　负压抽风机

图 2-12　正压抽风机

3. 电风扇

电风扇一般在全开放或半开放的鸡舍使用较多，主要在夏季温度较高时，通过风扇加快鸡舍内的空气流通（图 2–13）。

4. 屋顶无力抽风机

屋顶无力抽风机通过鸡舍内外的温度差使无力抽风机的叶片转动，增加鸡舍内的空气流动，减少鸡舍内有毒有害气体（如氨气、硫化氢等）（图 2–14）。

图 2–13　电风扇

图 2–14　屋顶无力抽风机

（五）清粪设施设备

扫码看视频

清粪设施设备主要有刮粪模式和传送带模式。刮粪模式主要用于阶梯式笼养蛋鸡场清理粪便，通过电动绞索牵引刮粪板将鸡粪带出鸡舍。层叠式笼养蛋鸡设备的自动清粪系统具有独特的系统结构，在每层鸡笼的下面都设置一条纵向鸡粪传送带，通过电机的运转带动传送带，每天定时将每层鸡群散落在传送带上的鸡粪运出鸡舍（图 2–15），在

图 2–15　鸡粪传送带

风机纵向抽风的作用下带动鸡舍内空气的流动，把鸡粪表面的部分水分带出鸡舍，使鸡粪含水量大大降低。全封闭式的鸡舍由于风机不停地抽风，鸡舍内的氨浓度较低、空气清新，减少了呼吸道疾病的发生。

（六）鸡蛋收集和输送设施设备

商品蛋鸡的集蛋系统主要有两种模式，即平养模式和多层笼养模式。集蛋系统一般分为两个步骤，先从蛋笼前收集鸡蛋，然后将收集起来的蛋运送到蛋品整理车间处理。

1. 平养模式

国内多数采用人工收集鸡蛋，国外多采用自动集蛋系统。平养模式集蛋装置主要由集蛋输送带和集蛋车组成。蛋鸡在固定的生蛋箱内生蛋（图 2–16），鸡蛋自动滚入集蛋槽，槽上装有输送带（图 2–17）。工作时，开动电机，输送带以 0.2 米 / 秒的速度将鸡蛋传输到集蛋车间，由人工或吸盘将鸡蛋装入集蛋车盘内或集蛋托内。

扫码看视频

图 2–16　生蛋箱

图 2–17　平养蛋鸡鸡蛋输送带

2. 多层笼养模式

此模式主要采用自动集蛋装置，由集蛋输送带、拨蛋器和鸡蛋升降器等部分组成。集蛋输送带安装在笼前的集蛋槽上。输送带应用黄麻布或帆布制成（图 2–18），宽 10~12 厘米，长可

扫码看视频

达百米，每分钟行走 6 米，电动机动力为 0.35 千瓦。工作时，输送带传来的蛋由拨蛋器把蛋拨入升降器的盛蛋篮内，升降器向下缓慢转动又将蛋送入集蛋台（图 2–19、图 2–20），或送入通往整理车间的总输送带上。

鸡蛋收集和输送是层叠式蛋鸡笼养设备的重要组成部分。在鸡蛋的收集和输送过程中，任何一个环节都可能影响破蛋率。为了使整个收集蛋和输送过程达到最好的效果，集蛋系统的设计应考虑以下两个主要因素。

图 2–18　鸡蛋输送带

图 2–19　鸡蛋收集

图 2–20　鸡蛋收集

（1）软、破蛋的挑选和剔除

鸡蛋的收集和输送，主要是通过鸡蛋的平行移动和滚动来实现的。而软蛋皮软和破蛋蛋液的流出在鸡蛋输送过程中容易粘在传送带上，因此在收集蛋机的出口与中央输蛋线过渡连接处常常发生堵蛋，这样就会阻止正常的鸡蛋顺利通过，影响鸡蛋的集中收集。为了解决这个问题，在鸡蛋进入集蛋机之前，应设置软蛋破蛋去除装置。

扫码看视频

（2）鸡蛋碰撞造成破损的问题

鸡蛋从集蛋机出来后，直接滚在中央输蛋线上，由于塑料蛋爪有一定的角度，导致鸡蛋在滚动过程中会由于冲力的作用相互碰撞，造成破蛋。在连接处设置一个拨蛋器，使从集蛋机出来的鸡蛋以排列方式轻轻地滚到中央输蛋线上，鸡蛋相互之间不发生碰撞，从集蛋机顺利地过渡到中央输蛋线，通过中央输蛋线把鸡蛋送到蛋库进行分级处理。在鸡蛋生产过程中使用自动集蛋和中央输蛋系统，能大大节省人力成本，有效降低破蛋率。

扫码看视频

三、蛋鸡舍内外环境控制与管理

（一）通风控制与管理

通风设施管理是全封闭和半封闭鸡舍管理的重点内容。在蛋鸡的整个生长阶段，都要保证良好的通风。笼养鸡的饲养密度较大，蛋鸡的体温较高，而且随着蛋鸡的生长，其新陈代谢也越来越旺盛，呼吸量较大，湿度较高，以及伴随着鸡粪中各种有毒有害气体的产生，如果通风不好，则容易引起呼吸道疾病和鸡腹水症的发生。因此在蛋鸡养殖过程中必须要及时清理粪便，做好鸡舍内的环境卫生清理，加强鸡舍的通风换气，减少舍内有毒有害气体的产生。蛋鸡的育雏和育成阶段，对温度的要求比较高，所以在通风的时候还需要考虑温度因素，使得鸡舍内的温度与通风达到一个相对平衡的状态。通常在育雏期内，通过温度控制器调控鸡舍的风机来调节鸡舍内的温度。蛋鸡 1 日龄时要求鸡舍的温度较高，一般设置在 35℃左右，最低温度设置为 33℃；当鸡舍内的温度高于 35℃时，温度控制器会自动开启风机进行工作；当温度低于 33℃时，温度控制器会自动关闭风机，通过温度控制器保证温度与通风之间的相互平衡。随着雏鸡的不断生长，温度控制器的参数设置也要相应调整，如当雏鸡生长到第 21 天时，风机开启和关闭时的温度相差 1℃即可。

1. 通风方式

（1）自然通风

开放式和半开放式的鸡舍一般采用自然通风，依靠鸡舍内外的温差、通过通风带和窗户进行空气流通。但在夏季高温时，仅靠自然通风降低温度效果非常不理想（图 3–1）。

图 3-1　自然通风

（2）机械通风

机械通风是依靠机械动力进行的强制性通风，一般使用轴流式通风机。若对空气进行处理或要求风压较大时，常使用离心式风机。根据风机和进出气口的设置不同，机械通风可分为正压通风、负压通风、联合式通风和循环通风等。后两种通风方式由于在生产中应用较少，故在此不详细介绍。

①正压通风。通过风机将鸡舍外新鲜空气送入鸡舍内，使鸡舍内气压相对高于鸡舍外，污浊空气通过排气口排出而实现空气交换。正压通风分为侧壁送风（一侧或两侧）、屋顶送风和屋顶水平管道送风系统、屋顶水平管送风系统，是一种由安装在山墙上的风机将空气吹入屋顶下的塑料管内，然后通过管上的双排等距孔送到鸡舍内各处的通风装置。这种通风方式在进风口可附加设备对空气进行处理，冬季使用较为理想，特别适用于我国东北、西北等冬季寒冷地区的鸡舍。风管的条数和大小根据通风量大小和鸡舍跨度确定，一般跨度 10 米以内用一条即可，超过 10 米用 2 条。这种通风系统因通风距离长，故需要压力较大的风机。同时，进气口和排气口的位置和面积，须通过计算和合理设计才能取得较好的效果。

②负压通风。这种通风方式是靠风机抽出鸡舍内污浊空气，使鸡舍内压力相对小于鸡舍外，新鲜空气通过进气口流入鸡舍内，完成鸡舍内外空气交换。这种

图 3–2　纵向负压通风

通风方式较简单，投资少，管理费用较低，在我国采用较多。根据进排气口的布置形式和位置不同，以及气流在舍内流动方式不同，负压通风可分为横向通风和纵向通风两种形式。目前大多采用纵向通风，风机全部安装在鸡舍的一端，鸡舍其他部位无门窗或门窗关闭，空气沿鸡舍的纵轴方向流动。纵向负压通风利用排风机将鸡舍内污浊空气强行排出，在鸡舍内形成负压，新鲜空气从进气口自行进入鸡舍。进入鸡舍的气流速度较慢，鸡体感觉比较舒适，已成为广泛应用于封闭鸡舍的通风方式（图 3–2）。

2. 通风量的计算

扫码看视频

封闭式鸡舍以纵向通风为主，根据通风目的不同和蛋鸡舍通风量不同，其计算方法有以下 3 种。

（1）以保温为目的的计算方法

蛋鸡每千克体重所需最低换气量为 0.9 米^3/ 时，所需最高换气量为 6.6 米^3/ 时。如：10000 只海兰蛋成鸡，单只体重 2 千克，最低换气量为 $2 \times 0.9 \times 10000=18000$（米^3/ 时），以常用 1.5 米风机计（排风量约为 40000 米^3/ 时），此时风机打开数量应为 $N=18000 \div 40000 \times 1.3=0.585$（台）（考虑到误差，一般最终结果要乘以放大系数 1.3），向上取整为 1 台。

（2）以换气为目的的计算方法

常用 1 分钟通风量的计算方法，即 1 分钟内把相当于密闭鸡舍体积的空气量排至室外。操作时每 5 分钟为一个循环。$V=A \times [B \times H+(B \times h) \div 2]$（$V$ 为鸡舍体积，A 为鸡舍长度，B 为鸡舍宽度，H 为侧墙高度，h 为侧墙到屋脊的垂直高度）。此时，风机的打开数量应为 $N=V \div Q \times K$（N 为风机打开数量，V 为鸡舍体积，Q 为风机每分钟排风量，K 为放大系数 1.3），先计算风机每分钟排风量 $Q=40000 \div 60 \approx 666$（米^3/ 分钟），同样以 10000 只海兰蛋成鸡鸡舍为例，$V \approx 2600$ 米^3，$N=2600 \div 666 \times 1.3=5.07$（台）。

（3）以降温为目的的计算方法

先计算鸡舍截面积 M，$M=B\times H+(B\times h)\div 2$，再根据季节和温度设定风速，设定范围为 0.2~2.5 米 / 秒，仍以 10000 只海兰蛋成鸡鸡舍为例，$M\approx 40$ 米 ^{2}，如风速设定为 2.5 米 / 秒，1 分钟通风量为 $40\times 2.5\times 60=6000$ 米 ^{3}，$N=6000\div 666\approx 9.01$（台）。

（二）光照控制与管理

光照与蛋鸡的性活动关系尤其密切，其原理是光照刺激鸡视网膜的神经感受器，通过视神经作用于脑垂体前叶，引起促性腺激素（FSH）、排卵诱导素（OIH）的分泌，从而促进卵泡的生长发育和排卵。母鸡不同生理阶段需要的光照，不能完全从自然光照得到满足，因此需要人工补充光照。随着蛋鸡的产蛋量逐渐提高，需要适当延长光照时间，确保光照充足，以促进蛋鸡产蛋。经过研究发现，光照时间过长或者光照强度过大，都很容易导致蛋鸡啄癖及脱肛等，光照时间不足或光照强度太弱，又会影响蛋鸡的产蛋量。

扫码看视频

1. 光照时间

一般在蛋鸡育成期，每天至少要保证 8 小时光照，开产初期可以将光照时间增加到 10~12 小时。在产蛋高峰期，蛋鸡对光照的需求更大，适宜将每天的光照时间控制在 16~17 小时。如果自然光照不足，则可以采用人工光照进行补充，提早开灯、延迟熄灯。为了让人工光照与自然光照类似，人工光照强度控制在每平方米 2~3 瓦为宜。鸡舍中的光源要均匀分布，一般光源离地高度控制在 2 米左右。

2. 光色的选择

不同的光源选择对蛋鸡的生产有直接的影响。目前市面上的光源主要有白炽灯泡、节能灯、LED 灯、日光灯、红光灯等，最好的光源当然是和自然光最接近的光，这个接近包括感官接近和光谱及波长接近，但这些对于养殖来说不好评价，最容易评价的是光色和光强。就光色来说，要想接近自然光，则以暖色调为主，尤其是偏红色，因为红色光能使鸡安静，也可以有效防范啄癖（图 3–3）。但多数认为暖白、暖黄光是最适宜蛋鸡的，灯光的色温值范围为 2700~3500 开。此范

图 3-3　红光光源

围内的光线含有适当的红光谱，可在一定程度内促进蛋鸡生长发育及性成熟，色温值越大则光色越白，色温值越小则光色越红（黄）。色温值太低（低于 2700 开），光色过红，易出现育成鸡性早熟、产蛋过大等问题；色温值太高（高于 3500 开），光色过白，红光谱不够，不利于生殖系统和第二性征发育，而且高色温值的冷白光（6000 开）会对笼养鸡产生较强应激，使鸡只各种代谢紊乱，烦躁不安，体质变差，也不利于各种性激素生成。应选用色温在 2700~3500 开的暖光灯，目前市场上常见的有白炽灯（色温 2700 开左右）（图 3-4），LED 灯（色温 2700 开和 3000 开的较多）（图 3-5）。红光下，鸡趋于安静，啄癖极少，成熟期稍迟，产蛋量增加，但受精率降低；黄光下，鸡的饲料报酬低，性成熟延迟，蛋重增加，产蛋量减少，啄癖率提高；绿光可使鸡的性成熟提前，公鸡的配种能力增强，增重加快；蓝光促进鸡性成熟，提高公鸡的繁殖力，增重加快，啄癖极少，但会使母鸡产蛋下降。所以接近自然光光谱的光源是蛋鸡生产最理想的光源（图 3-6）。

图 3-4　白炽灯光源

图 3-5 LED 条带形光源

图 3-6 以色列鸡舍光照

3. 光照强度

（1）光照过强

光照过强容易引起蛋鸡烦躁不安，神经质，易应激，易惊群；长期强光易造成机体免疫力下降，体质变差。还容易导致蛋鸡卵泡发育大，机体疲劳，肌无力导致脱肛和啄癖。长期的强光照会使蛋鸡采食和饮水增加，活动量增大，能量代谢快，饲料有效利用率降低。

（2）光照弱

光照弱容易导致蛋鸡采食量和饮水量减少，生长发育变慢；光照弱易引起蛋鸡卵泡发育小，蛋重轻和蛋鸡血液中的血钙浓度低，骨骼生长慢，蛋壳质量差；光照弱还易造成蛋鸡在产蛋期内脂肪沉积加快，产蛋减少，机体过肥从而导致发生各种问题（图 3–7）。

（3）光照强度选择

对全封闭的鸡舍，光照强度育雏期需要 20~40 勒、育成期需要 5~10 勒、产蛋期需要 10~20 勒（图 3–8），大家可以根据这个数据来选择光源。蛋鸡全程光照强度见表 3–1。

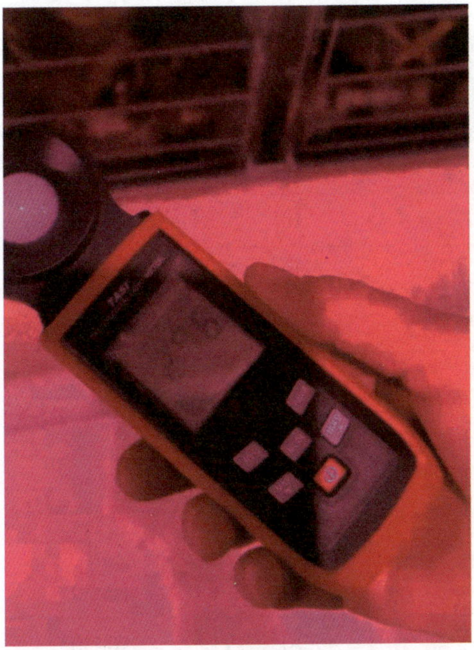

图 3-7 光照强度测定

图 3-8 测光仪

表 3-1 蛋鸡全程光照强度

周龄	日龄 / 天	光照时间 / 小时	光照强度 / 勒	
			开放式鸡舍	封闭式鸡舍
1	1~3	24	60	30~50
1	4~7	22	30	30
2	8~14	20	20	25
3	15~21	18	10	25
4	22~28	16	10	25
5	29~35	14	10	10~15
6	36~42	12	10	10~15
7	43~49	10	10	10~15
8~17	50~126	9~10，恒定光照	5~10	10~15
19	127~133	10	10	20~30

续表

周龄	日龄 / 天	光照时间 / 小时	光照强度 / 勒	
			开放式鸡舍	封闭式鸡舍
20	134~140	11	10	20~30
21	141~147	12	10	20~30
22	148~154	13	10	20~30
23	155~161	13.5	10	20~30
24	162~168	14	10	20~30
25	169~175	14.5	10	20~30
26	176~182	15	10	20~30
27	183~189	15.5	10	20~30
28	190~196	16	10	20~30
29	197~203	16	10	20~30
30 至淘汰	204 至淘汰	16	10	20~30

注：10 勒 =5 瓦节能灯挂在距离地面 2 米高的位置照到地面的亮度。

4. 光源的选择

除了光色和光强，还要注意光源的稳定性，具体指标就是频闪。由于鸡比人敏感，不稳定的光源人感觉不到，但是鸡能感觉到，会导致鸡的光感系统紊乱。现在可选光源主要有白炽灯、节能灯、LED 灯、日光灯等，这些光源各有优缺点。比如白炽灯、节能灯和日光灯的光源比较稳定，白炽灯的光特性最接近自然光，但白炽灯和日光灯能耗高；节能灯光强衰减快；LED 灯比较节能但光源的稳定性差，常常出现频闪。所以要选择稳定性好的、无频闪的光源。

5. 灯光的安装与控制

灯光的安装要根据蛋鸡的品种来设定，海兰灰蛋鸡每平方米需 2 瓦灯光，海兰褐蛋鸡每平方米需 3 瓦灯光，灯与灯距离 3 米，灯与地面距离 2~2.4 米。灯光设计应遵循灯距小、灯泡小、瓦数小、光线均匀、照度足够的原则。灯泡在舍内分布大致是一般灯泡距地面高度为 2~2.4 米，灯泡之间的距离是其高度的 1.5 倍。

舍内如果安装2排以上灯泡，各排灯泡要交叉排列，以便使光线分布均匀。灯泡最好选择白炽灯和红光灯等各一盏，并列排布。笼养蛋鸡要注意将灯泡设置在两列笼中间上方，以便灯光照射至料槽、水槽。人工补光开灯时间保持稳定，忽早忽晚地开灯或关灯都会引起部分产蛋母鸡的应激，造成停产或换羽。有条件的蛋鸡场最好用定时器控制光照时间，用调压变压器控制光照强弱（图3–9）。定期对鸡舍内光照强度进行监测，光照强时及时减弱，光照弱时及时补光。经常擦拭灯泡，对光照弱的灯泡及时更换，以保证其亮度。

图3–9　可调节强度灯泡

（三）温度控制与管理

蛋鸡在不同生长阶段对温度的要求不同，所以在控制鸡笼的温度时，必须根据蛋鸡不同日龄对温度进行调节。

育雏期可以适当提高鸡笼的温度，采用高温育雏的方式，一般将鸡舍内的温度控制在33℃左右，不能太高也不能太低。育雏期内雏鸡本身的温度调节能力较低，所以在饲养过程中必须要随时观察舍内温度，使得鸡舍内7天的温度达到平衡，如果温度忽高忽低，很容易导致雏鸡生病，造成抵抗力和免疫力降低。在育成期，鸡舍内的温度要逐渐从33℃降低，每周降低0.5℃左右，直到产蛋期，室内的温度适宜控制在26℃左右。

扫码看视频

笼养蛋鸡对鸡舍内的温度十分敏感，适宜的温度是蛋鸡高产蛋性能的保证，温度过高或过低都会直接影响蛋鸡群的健康和生产性能，最终导致产蛋性能下降、饲料报酬降低、蛋壳质量变差。全封闭式蛋鸡舍温度的调节是通过安装在鸡舍内的温度感应器来实现的。温度感应器将鸡舍内实时的温度传送到环境集成控制系统，再根据系统设定的温度对鸡舍内的温度进行调节。感温设备使用时间过长或设备出现老化都会影响测温效果，因此最好在每个温度感应器上悬挂温度计来评测温度感应器的工作状况（图 3-10）。蛋鸡对温度有一定的适应能力，产蛋鸡适宜温度为13~27℃，最佳体感温度为 20~24℃，尽量控制鸡舍内的环境温度不低于 8℃和不超过 30℃。鸡舍内的温度要保持平稳，不能突然变化、忽高忽低，在冬季要防止有“贼风”侵入。

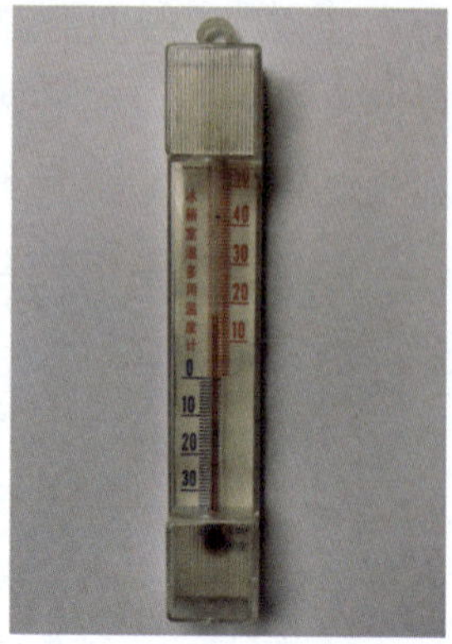

图 3-10 多用途温度计

（四）湿度控制与管理

鸡舍内湿度过高容易导致蛋鸡感染疾病，但湿度过低、鸡舍内的空气太干又会导致蛋鸡生长及产蛋过程受到影响。所以保持鸡舍内的湿度处于正常水平，可以提高蛋鸡的生长水平。增加鸡舍内湿度的方法有几种：第一，可以在鸡舍内摆放盛水的容器，通过水分的蒸发使得鸡舍内的湿度得到提升。第二，定期做好消毒工作，消毒液也可以增加空气的湿度。需要注意的是，最好不直接向地面洒水或者安装喷头向鸡舍内喷水，这种方式虽然可以增加鸡舍内的湿度，但同时也会增加细菌和病毒的衍生繁殖速度，使得鸡舍内的疫病感染率升高。

育雏期蛋鸡对鸡舍内湿度的要求较高，一般育雏期鸡舍内的湿度控制在60%~65% 为宜。

育成期蛋鸡对鸡舍内湿度的要求相对降低，一般控制在 40%~60% 即可。此时已经逐渐进入产蛋期，如果湿度不合适，则会引发很多问题。比如湿度过高，尤其是在高温季节，很容易导致鸡体难以正常散热，使得鸡体温度升高出现中暑、食欲下降等现象。冬季湿度过高又会导致鸡体散热增加，从而增加蛋鸡的采食量，提高了养殖成本。

鸡舍内湿度主要来源于鸡群呼吸带出体内的水分、粪便中蒸发的水分、“V”字形水槽内蒸发的水分和空气环境中原有的水分等（图 3-11）。产蛋鸡的最佳相对湿度为

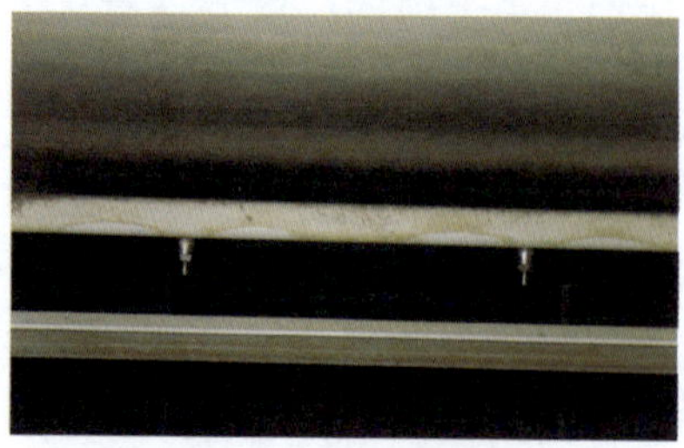

图 3-11 饮水接水槽

60%~70%。全封闭式的鸡舍应尽可能降低鸡粪中的含水量，这样既可有效地控制鸡舍内的湿度，也能防止因湿度过高造成空气中挥发性有毒有害气体的产生。

（五）饮水卫生控制与管理

蛋鸡场的饮水污染往往是导致鸡群发病的主要原因之一。随着蛋鸡场的规模化程度提高，鸡场的饮水供给、水质和水源的生物安全已成为鸡场管理的重要环节。对饮水系统的科学管理应得到日益的重视。由于蛋鸡场的饮水水源极容易受到污染，水线管道内容易滋生水垢和病菌，以及地下水中矿物质超标等，因此蛋鸡场在生产中首先应加强对饮水系统的管理，饮水管线需要每周清洗 1 次，每 14 天消毒 1 次，并根据实际情况及时调整冲洗、消毒次数，以确保饮水的卫生安全。

1. 水源污染

规模化蛋鸡场的水源主要来自地下水和自来水，只有规模较小的鸡场使用地表水源。地下水虽然水质稳定，但是存在水质硬度偏大、部分矿物质含量超标等问题。自来水虽然水质稳定，但是往往含有大量的含氯消毒剂，因此应对进入水塔的水进行过滤处理，保证水源的清洁卫生（图 3–12）。

图 3–12　鸡场水源处理系统

2. 水线污染

水线的二次污染是所有蛋鸡场容易忽视的问题，因为蛋鸡场水线是全封闭的。一般水线的污染分为水塔（水箱）污染和密闭水线污染。水塔（水箱）一般与空气接触，长时间地暴露于空气中容易滋生青苔和水垢。密闭水线因为水塔青苔和水垢中微生物

扫码看视频

的滋生，以及蛋鸡饮水啄乳头时口腔中的细菌进入水线，在适宜的温度下饮水中的细菌每 20 分钟繁殖 1 次，造成水线中饮水的污染（图 3–13）。另外，蛋鸡的药物保健、免疫保健和添加维生素大多通过饮水的方式，如果不及时冲洗水线也易引起水线滋生细菌和污垢，堵塞乳头造成鸡群极度缺水，导致鸡群争抢乳头。

图 3–13　水线污染

3. 饮水污染的控制方案

（1）化学控制方案

饮水的化学控制方案，一般就是使用消毒剂对饮水进行消毒处理。选择安全、无毒、高效、无刺激性，对蛋鸡无伤害的消毒剂。目前国际上公认常用的饮水消毒剂有氯制剂、酸化剂、臭氧消毒剂和过硫酸氢钾复合消毒剂（图 3–14、图 3–15）。

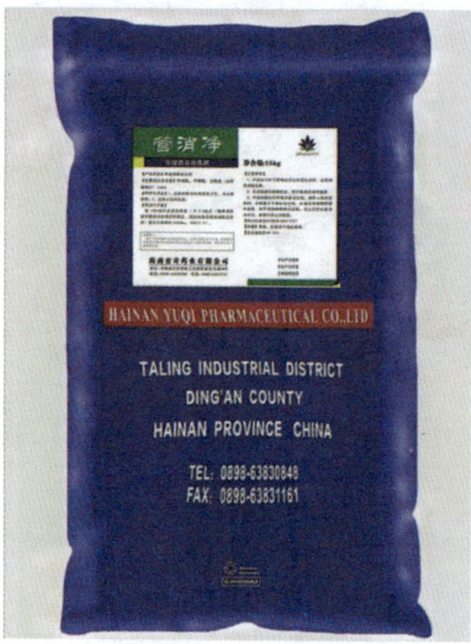

图 3–14　饮水酸化消毒剂

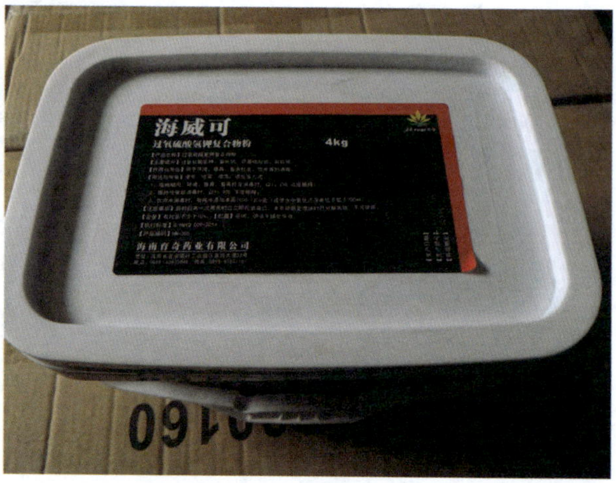

图 3–15　饮水过硫酸氢钾消毒剂

（2）物理控制方案

随着科技的发展，可通过滤膜和滤芯等过滤设备对饮水进行过滤。滤膜是以纳米孔的形式过滤饮水中的杂质和微生物以达到净水的功能（图 3–16），滤芯是以吸附和过滤的复合形式对饮用水进行清洁（图 3–17）。无论是滤膜还是滤芯都需要定期的检查和清洗，防止污染物沉积造成二次污染。

图 3-16　生物膜水处理系统

图 3-17　滤芯饮水过滤系统

4. 定期进行水质监测

蛋鸡场应充分重视饮水安全和水质对鸡群生长的影响，要定期对水源和水线中的饮水进行水质监测。根据畜禽场饮水的标准（参照表 3-2），每月对水质进行检测，根据检测的结果定期对水源和水线进行清洗消毒，以保证饮水安全。雨季和台风过后，需要提高检测频率，防止地下水被污染，确保饮水安全卫生。

表 3-2　畜禽饮水水质安全指标

项目		标准值	
		畜	禽
感官性状及一般化学指标	色	≤ 30°	
感官性状及一般化学指标	混浊度	≤ 20°	
感官性状及一般化学指标	臭和味	不得有异臭、异味	
感官性状及一般化学指标	总硬度（以碳酸钙计），毫克 / 升	≤ 1500	
感官性状及一般化学指标	pH	5.5~9.0	6.5~8.5
感官性状及一般化学指标	溶解性总固体，毫克 / 升	≤ 4000	≤ 2000
感官性状及一般化学指标	硫酸盐（以硫酸根计），毫克 / 升	≤ 500	≤ 250
细菌学指标	总大肠菌群，MPN/100，毫克 / 升	成年畜 100，幼畜和禽 10	

续表

项目		标准值	
		畜	禽
毒理学指标	氟化物（以氟离子计），毫克 / 升	≤ 2.0	≤ 2.0
	氰化物，毫克 / 升	≤ 0.20	≤ 0.05
	砷，毫克 / 升	≤ 0.20	≤ 0.20
	汞，毫克 / 升	≤ 0.01	≤ 0.001
	铅，毫克 / 升	≤ 0.10	≤ 0.10
	铬，毫克 / 升	≤ 0.10	≤ 0.05
	镉，毫克 / 升	≤ 0.05	≤ 0.01
	硝酸盐（以氮计），毫克 / 升	≤ 10.0	≤ 3.0

（六）鸡舍内外消毒控制与管理

消毒是指通过物理、化学或生物学方法杀灭或清除环境中病原微生物的技术或措施。通过消毒能够杀灭环境中的病原体，切断传播途径，防止传染病的传播和蔓延。

1. 消毒剂的种类

消毒剂的种类繁多，可分为过氧化物、氯化物、苯酚、碘制剂、季铵盐类、醛类、碱类等（图 3–18 至图 3–23）。应根据场所和用途选择相应的消毒剂。常见消毒剂及其特点见表 3–3。

图 3–18　过氧乙酸消毒剂

图 3–19　氯制剂消毒药粉

图 3–20　碘制剂消毒药

图 3-21　醛制剂消毒药

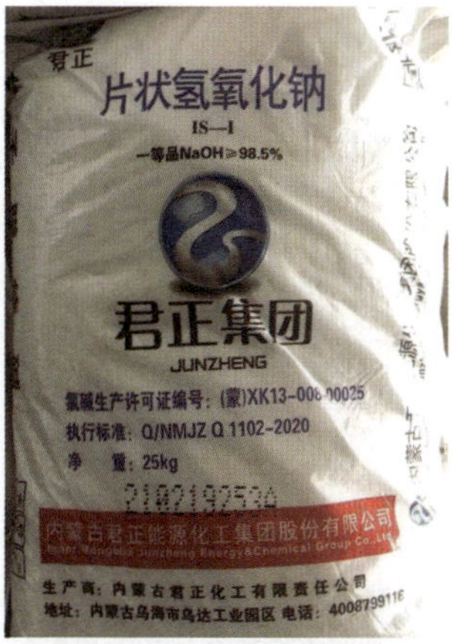

图 3-22　片状氢氧化钠消毒剂

图 3-23　过硫酸氢钾消毒剂

表 3-3　常见消毒剂及其特点

消毒剂种类	消毒剂品名	优点	缺点	适用范围
过氧化物	过氧化氢、过氧乙酸、二氧化氯、臭氧	作用速度快；适用于病毒和细菌	具有刺激性	预防病毒性疫病；水线消毒；栏舍熏蒸
氯化物	次氯酸钠、次氯酸钙、漂白粉	起效速度快；对病毒、细菌均有效；价格低廉	具有腐蚀性；遇有机物和硬水失活；持续效果短；具有刺激性	栏舍熏蒸；环境消毒
苯酚	二甲苯酚、复合酚、来苏儿	活性维持时间长；对金属无腐蚀性；对细菌消毒效果好；价格低廉	具有毒性；腐蚀橡胶塑料；可能污染环境	水泥地面
碘制剂	碘酒、碘甘油、碘伏、聚维酮碘	安全性高，无毒无味；起效速度快；适用于病毒和细菌	价格较贵；某些碘制剂具有毒性	适合足浴盆；预防病毒性疫病
季铵盐类	苯扎溴铵、度米芬、百毒杀、氯己定	适用于水线消毒；细菌消毒效果好；安全性高	有机物存在失效；对真菌和芽孢效果不佳；不能和清洁剂混用	洗手；水线消毒
醛类	戊二醛、甲醛	对病毒和细菌均有效	可能具有毒性	水泥地面；车轮浸泡
碱类	氢氧化钠、生石灰、氢氧化钾、碳酸钠	起效速度快；对病毒、细菌均有效；价格低廉	可能具有毒性	水泥地面；车轮浸泡

2. 消毒的主要方法

蛋鸡场的消毒方法可分为物理消毒法、化学消毒法和生物热消毒。

（1）物理消毒法

物理消毒法是指通过机械性清扫、冲洗、通风换气、高温、干燥、紫外线照射等物理方法，对鸡场环境、物品及鸡舍设备中的病原微生物进行清除或杀灭。

（2）化学消毒法

化学消毒法是指在疾病防控过程中，利用各种化学消毒剂对病原微生物污染的场所、物品及设备等进行清洗、浸泡、喷洒、熏蒸，以达到杀灭病原体的目的（图 3–24）。消毒剂是消灭病原体或使其失去活性的一种药剂或物质。多数消毒剂对病原微生物具有广泛的杀伤作用，但有些也会破坏宿主的组织细胞，因此通常用于环境的消毒（图 3–25）。

图 3–24　鸡舍喷雾消毒机

（3）生物热消毒

生物热消毒是指通过堆积发酵、沉淀池发酵、沼气池发酵等产热或产酸，以杀灭粪便、污水、垃圾及垫草等内部病原体的方法。在发酵过程中，由于粪便、污物等内部微生物产生的热量可达 70℃以上，经过一段时间可杀死病毒、病原菌、寄生虫卵等病原体，从而达到消毒的目的（图 3–26）；同时因为发酵过程还可改善粪便的肥效，所以生物热消毒在各地的应用非常广泛。

图 3-25　熏蒸消毒机

图 3-26　生物发酵法

3. 消毒程序

（1）鸡舍消毒

扫码看视频

鸡舍消毒是清除前一批鸡在饲养期间累积的污染最有效的措施，可使下一批鸡一开始便生活在一个洁净的环境中。以全进全出制生产系统中的消毒为例，空栏消毒的程序通常为粪污清除、高压水枪冲洗、消毒剂喷洒、干燥后熏蒸消毒或火焰消毒、再次喷洒消毒剂、清水冲洗、晾干后转入鸡群（图 3-27）。

图 3-27　高压清洗机

（2）设备用具的消毒

可搬动的料槽与饮水器，可先用消毒水浸泡、刷洗，再用清水冲洗，洗净晾干后再用。鸡场反复使用的蛋箱与蛋托，特别是送到销售点又返回鸡场的蛋箱，传播病原的风险很大，因此必须严格清洗消毒（图 3–28）或熏蒸消毒（图 3–29），可先用消毒液浸泡 2~3 天后再用高压水枪冲洗，晾干后再送回鸡舍使用。

图 3–28　蛋筐浸泡冲洗

图 3–29　蛋筐熏蒸室

图 3–30　大门前的车辆消毒池

（3）环境消毒

图 3–31　道路和环境消毒车

大门前设置的车辆消毒池宽3米、长5米，水深30~50厘米。消毒池内的消毒水坚持每天换1次；若使用长效的消毒水，可每2~3天换1次（图 3–30）。鸡舍前后的空地要定期除去杂草，并铺撒生石灰，防止蚊虫的滋生，特别是夏季傍晚用敌敌畏喷洒草丛杀灭蚊虫，防止蚊虫传播疾病。生产区的道路定期喷洒消毒药水，如当天有外来车辆进出，则要对车辆行驶过的道路进行更全面的消毒（图 3–31）。

（4）带鸡消毒

蛋鸡场是高密度、大群体的养殖环境，蛋鸡排出的粪便、羽毛附着物、肠道寄存物都蓄积着大量的病菌和寄生虫等，特别是全封闭的鸡舍空气流动性差，更容易导致病原微生物的滋生和扩散，因此需要经常性地带鸡消毒。带鸡消毒多采用喷雾消毒方式，消毒药品的种类和浓度应选择对鸡群和环境危害较小的消毒剂。带鸡消毒最好使用电动喷雾装置，每平方米地面使用60~180毫升，每隔1~2天喷1次。对雏鸡喷雾，消毒剂溶液的温度要比雏鸡舍内的温度高3~4℃。当鸡群发生传染病时，每天消毒1~2次，连续消毒3~5天（图3–32）。

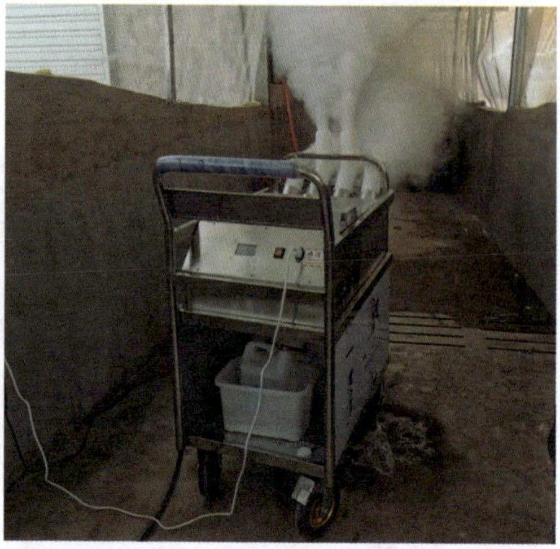

图3–32　带鸡喷雾消毒机

（七）鸡舍内的粉尘和有毒有害气体监测控制与管理

蛋鸡舍内的环境受温度、湿度、风速、空气质量、粉尘及光照等多种因素的影响。在全封闭的鸡舍内需要安装许多环境感应器对鸡舍内的环境进行监测，且每年要定期对感应设备进行1~2次效果评估（图3–33）。要保持鸡舍内清洁卫生。每天至少清粪1次，寒冷季节要在中午换气时清粪，以便及时排出氨气。每天用扫地机器清扫鸡舍通道，为了不造成过大的粉尘，应在清扫时喷洒水雾避免扬尘（图3–34）。

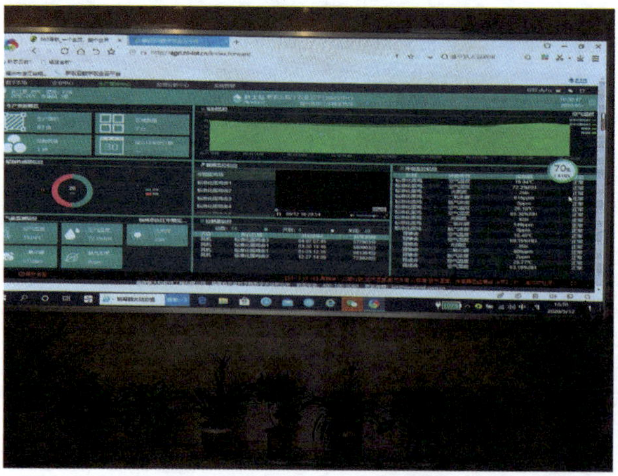

图3–33　鸡舍内环境指标

图3–34　鸡舍卫生清扫机

1. 鸡舍内粉尘的控制与管理

鸡舍内的粉尘主要是由饲料、羽毛、粪便等产生的。粉尘对鸡和人均有危害，粉尘微粒和氨气同时被吸入肺部，会破坏呼吸道黏膜系统，从而增加呼吸道疾病发生的风险。尤其是鸡舍内的粉尘浓度较高，在鸡舍内空气中停留时间较长，且粉尘微粒极小，造成的危害更大（图 3–35）。

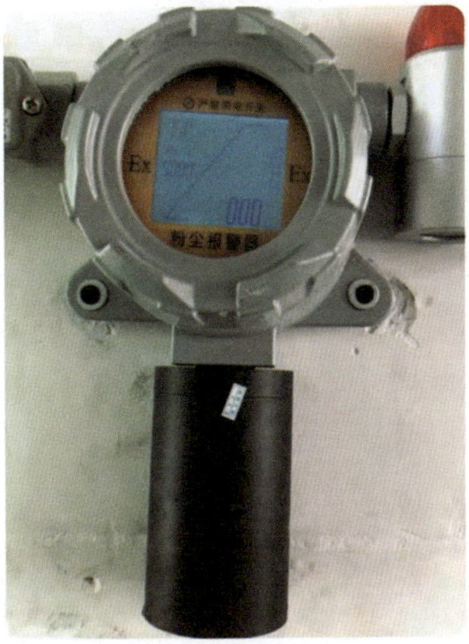

图 3–35　粉尘感应报警器

减少粉尘的方法：饲料通过制粒再破碎过筛后进入鸡舍；用洁净的水喷洒降尘，可减少 80% 的大颗粒粉尘和 50% 的细颗粒粉尘；减少人员及一些应激因素的产生，避免鸡群惊群产生粉尘；使用不同的电压放电，使粉尘颗粒带电而吸附在墙壁和地面上；定期洒水清扫地面的粉尘。可吸入粉尘的种类见表 3–4。

表 3–4　可吸入粉尘的种类及危害

粉尘大小 / 微米	可吸入范围	危害程度	是否可排出
50~100	可吸入肺部	较小	可以通过呼吸道绒毛排出
10~50	可吸入肺部	较大，被阻留在上呼吸道，引起鼻、咽和气管炎症	被呼吸道黏膜吸附，只有通过外力排出
4~10	可吸入肺部	危害大，破坏呼吸道黏膜引起呼吸道疾病	被呼吸道黏膜吸附，不易排出
4 以下	可直接吸入肺泡	危害巨大，引起肺纤维化	不排出

2. 鸡舍内有毒有害气体的控制与管理

鸡舍内的有毒有害气体主要有一氧化碳、二氧化碳、氨气、硫化氢等。鸡舍内的氨气浓度过高，会破坏蛋鸡呼吸道的黏膜形态，使蛋鸡发生呼吸道等疾病（图 3–36）。氨气浓度超过 20 毫克 / 米 ^{3}，人就可以闻到，对蛋鸡而言则浓度非常高，可能出现流泪、甩头等症状。一氧化碳、二氧化碳属于无色、无味的气体，一旦超标，人和鸡群都会出现不同的症状。在冬春季节要定时对鸡舍内的空气进行监测，一旦发现有毒有害气体超标应及时进行通风。

图 3–36　氨气感应探头

鸡舍内有毒有害气体的排放主要依靠通风。通风有自然通风和机械通风，自然通风效果很难保证和控制，机械通风主要采用自动通风降温系统。机械通风系统是层叠式蛋鸡笼养设备自动化的前提保证。高密度全封闭式的蛋鸡养殖模式，鸡舍内的小气候环境完全依靠自动通风降温系统来调控。倘若自动通风降温系统控制不得当，对鸡群产蛋性能影响非常大。所以，在设计鸡场自动通风降温系统时，要根据当地的气候环境条件来设定。我国南北气候差异大，全封闭式鸡舍的自动通风系统设计，南方应以降温为主，北方应以通风换气为主（图 3–37）。对鸡舍内的空气质量要求：二氧化碳控制在 1500 毫克 / 米 ^{3}，硫化氢控制在 10 毫克 / 米 ^{3} 以下，氨气控制在 15 毫克 / 米 ^{3}。鸡舍内空气中灰尘（含细颗粒物）控制在 4 毫克 / 米 ^{3} 以下，微生物数量在 25 万 / 米 ^{3} 以下（图 3–38）。鸡舍内的各种气体浓度见表 3–5。

图 3–37　温度感应器

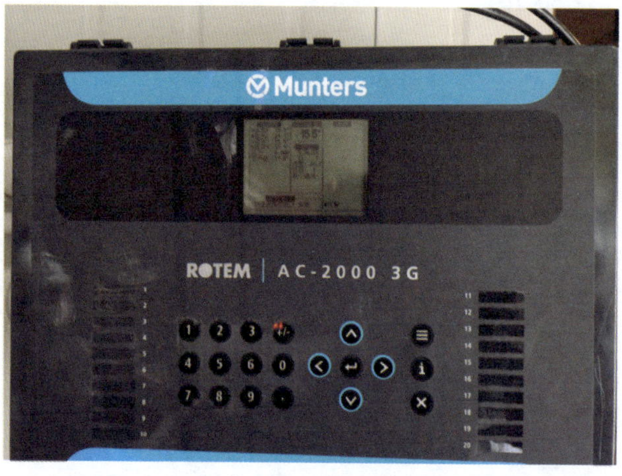

图 3–38　鸡舍内环境控制器

表 3–5　鸡舍内的各种气体浓度

气体	标准水平
氧气（O_2）	> 21%
一氧化碳（CO）	< 0.01%（100 毫克 / 米^3）（最好是 0）
二氧化碳（CO_2）	< 0.2%（2000 毫克 / 米^3）
氨气（NH_3）	< 0.002%（20 毫克 / 米^3）
硫化氢（H_2S）	< 0.002%（20 毫克 / 米^3）

（八）鸡群控制与管理

观察鸡群的目的在于通过环境智能调控、采食量智能监控、饮水量智能监控、光照智能调控、声音视频智能监控来掌握鸡群的健康与食欲等状况。通过红外测温和蛋鸡行为识别系统来挑拣出病死鸡，以及检查饲养管理条件是否符合要求（图 3–39、图 3–40）。

图 3–39　环境控制系统

图 3–40　环境控制集成箱

1. 挑出病死鸡

每天通过人工或机器人巡查来观察鸡群的状况。在巡查过程中发现死亡的鸡应及时挑出，经过驻场兽医的临床诊断后，集中进行无害化处理。发现精神沉郁、行动缓慢、食欲差的鸡应及时挑出并进行隔离观察治疗。如发现蛋鸡采食量和饮水量发生较大的变化时，应及时寻找原因。突然出现病鸡数量和死亡鸡数量增多时，必须立即剖检分析原因，以便及时判断鸡群是否有发生疫病。每天早晨观察蛋鸡新鲜粪便的颜色、形状，对粪便颜色和形状异常的鸡群要及时隔离治疗；每天晚上闭灯后，静听鸡群有无呼吸道疾病症状的声音，如干、湿啰音，咳嗽，喷嚏，甩鼻，若有异常的声音需及时挑出病鸡进行隔离治疗，以防止疫病的蔓延传播（图 3–41）。

2. 挑出停产鸡

在巡查过程中若发现冠小萎缩、粗糙而苍白，眼圈与喙呈黄色，主翼羽已脱落，耻骨间距离变小，耻骨变粗的停产鸡应进行淘汰。对于一些体重过轻、过肥、瘫痪和瘸腿的鸡也应及时发现淘汰。

3. 检查鸡蛋质量

在巡查的过程中观察鸡蛋的质量，如蛋壳、蛋白、蛋黄浓度、蛋壳的血斑、沙皮蛋及畸形蛋等，尤其是蛋大或破蛋率高时应及时分析原因，并采取相应措施。

4. 检查智能控制系统

通过对鸡舍内的环境智能调控、采食量智能监控、饮水量智能监控、光照智能调控、声音视频智能监控设置报警功能，一旦发现异常及时查找问题、分析原因（图 3–42）。

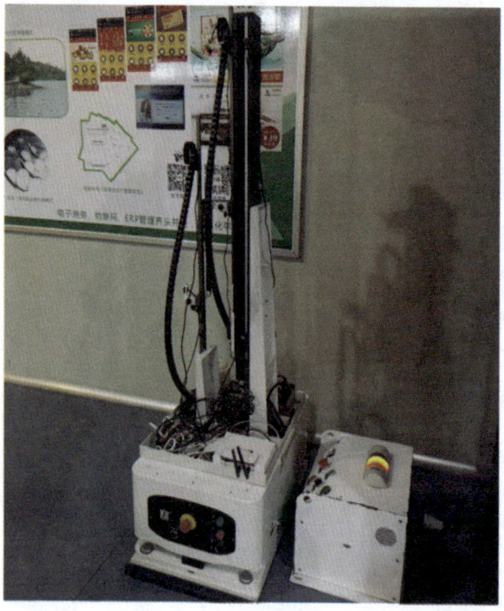

图 3–41　机器人巡查设备

图 3–42　视频智能监控

（九）有害生物控制与管理

飞鸟、苍蝇、老鼠、库蠓和蚊虫等是细菌、病毒及血液原虫病的主要传播携带者。

扫码看视频

1. 飞鸟的防控措施

开放和半开放的鸡舍在冬春季节要做好防飞鸟的措施。在开放的鸡舍和饲料场使用防鸟网，防止飞鸟携带病毒和细菌污染鸡群和饲料。

2. 苍蝇的防控措施

在饲料中添加 1% 环丙氨嗪预混剂，可防止苍蝇的虫卵在鸡粪中繁殖（图 3–43）。同时做好鸡场内的卫生，减少卫生死角，对生产和生活垃圾合理存放与处置，避免苍蝇滋生。在苍蝇多的地方使用苍蝇诱食剂等诱杀（图 3–44）。

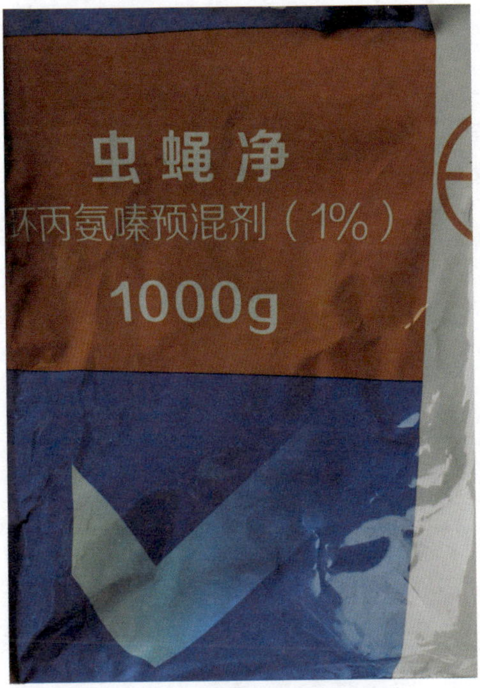

图 3–43　饲料中添加的苍蝇药

图 3–44　苍蝇诱食剂

3. 老鼠的防控措施

在老鼠经常活动的地方投放饵料、布设灭鼠盒或请专业灭鼠人员进行灭鼠（图3-45）。同时在鸡舍空舍期间做好老鼠洞的封堵。

图 3-45　灭鼠投饵盒

4. 库蠓和蚊虫的防控措施

在夏秋季节做好鸡场生产区的锄草和喷洒敌敌畏等工作，防止库蠓和蚊虫的滋生。

生物安全管理措施是鸡场抵御外来疾病传播所建立的一道防线。只有把各项措施做到位，才能保证鸡场的稳定生产，获得良好的经济效益。

四、蛋鸡饲养管理

（一）育雏鸡的饲养管理

育雏鸡饲养管理的好坏，对育雏鸡的育成率和整个商品蛋鸡生产成效都起着决定性的作用。因此在养鸡生产中，必须抓好育雏鸡的饲养管理，提高育雏鸡的育成率，才能增加蛋鸡养殖户的经济效益。

1. 挑选雏鸡

雏鸡从出壳到转移出孵化室需经历多道工序，如挑拣分级，即对出壳后的雏鸡进行个体选择，选留健雏，剔除弱雏和病雏，以及进行公母鉴别。还需对出壳雏鸡免疫接种，如对出壳后的雏鸡进行马立克病疫苗的免疫接种。评价 1 日龄的雏鸡是否为健雏，需要对雏鸡个体进行检查，然后作出判断。

检查的项目主要有以下 7 项。

①反射能力：把雏鸡放倒，观察其能否在 3 秒内站起来，反应灵敏的雏鸡为健雏，反应迟钝的雏鸡为弱雏（图 4–1）。

扫码看视频

图 4–1　雏鸡反射能力

②眼睛：健雏眼睛清澈，睁着眼，有光泽；弱雏眼睛半闭半睁，目光迟钝（图 4–2）。

③肚脐：雏鸡出壳后在特殊的吹风机下观察，肚脐部愈合良好且干净的为健雏，弱雏脐部有黑脐、线脐或未愈合开放的肚脐（图 4–3）。

图 4-2　雏鸡眼睛、喙部、绒毛检查

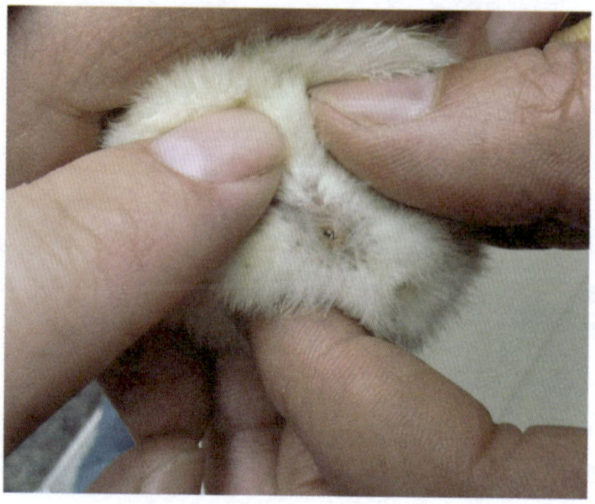

图 4-3　雏鸡脐部检查

④喙：健雏喙部干净，鼻孔大小均匀且闭合；弱雏喙部发红，鼻孔较脏或变形。

⑤绒毛：健雏绒毛干燥有光泽，且呈黄色；弱雏绒毛湿润且发黏，由于卵黄吸收不良，颜色偏白。

⑥整齐度：健雏个体大小均匀，弱雏超过 20% 的雏鸡体重高于或低于平均值（图 4–4）。

⑦体温：健雏体温应在 40~40.8℃；弱雏体温过高或过低，高于 41.1℃或低于 38℃，雏鸡转出孵化室后 2~3 个小时内体温应为 40℃（图 4–5）。

图 4-4　雏鸡整齐度检查

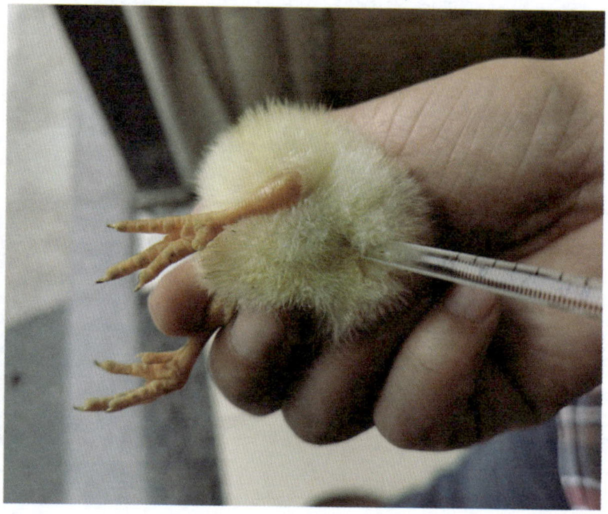

图 4-5　雏鸡肛温测量

2. 雏鸡运输

雏鸡出壳经检查和免疫后 1 小时即可装车运输。一般在雏鸡绒毛干燥可以站立至出壳后 36 小时前这段时间为最佳转运时间，最好不要超过 48 小时。挑选好的雏鸡，用专用运雏箱装苗，每个箱子中分 4 个小格，每格放 20~25 只雏鸡（图 4–6）。也可用专用塑料筐，但要确保运雏箱坚固、透气（图 4–7）。夏季雏鸡转运尽量避开白天高温时间。使用专用的鸡苗运输车辆，运输前要对运雏车辆、运雏箱、装卸工具进行彻底消毒，并将车厢内温度调至 28℃左右（图 4–8、图 4–9）。在运输过程中要保持通风，尽量使雏鸡处于黑暗环境中，这样可以减少运输途中雏鸡的活动量，降低因相互挤压等造成的挤伤和踩伤。车辆运行要平稳，尽量避免颠簸、急刹车、急转弯。运送雏鸡的司机出发前应对运送路线和道路的路况有所了解。车厢内装有监控探头，以便及时观察和了解车厢内雏鸡的表现，出现异常情况要及时处理。运雏车到场后，应迅速将雏鸡从运雏车内移出。雏鸡箱放到鸡舍后，不能叠放，要平摊在地上，同时要随手去掉雏鸡箱盖，并在半小时内将雏鸡从箱内倒出，散布均匀。根据育雏舍排布和笼数的安排，将正确数量的雏鸡放入育雏笼或栏内。运送雏鸡的空箱应搬出育雏鸡舍并及时进行无害化处理。

图 4–6　鸡苗运输箱

图 4–7　塑料鸡苗运输箱

图 4-8　专用鸡苗运输车

图 4-9　专用鸡苗运输车

3. 雏鸡日常管理

扫码看视频

（1）进场前准备

在雏鸡进场前一周，对育雏舍进行全封闭，保证不留一点缝隙，然后用 2 ∶ 1 的甲醛和高锰酸钾溶液（每立方米甲醛 28 毫升、高锰酸钾 14 克）对鸡舍、鸡笼、用具等彻底熏蒸消毒，密闭 48 小时后，开门开窗通风。用百毒杀、过硫酸氢钾等消毒液（粉）对饮水器、料槽消毒后，清洗干净晾干备用（图 4–10）。在雏鸡进场前 2~3 日内，将舍内温度提升到 33~35℃，相对湿度保持在 65%左右。

图 4-10　做好鸡苗进场准备

（2）地面育雏

这种育雏方式一般限于条件差、规模较小的饲养户。其操作简单，投资少，但需注意雏鸡的粪便要经常清除，否则会使雏鸡感染各种疾病，如白痢、球虫病和各种肠炎等（图 4–11）。

（3）网上育雏

这种育雏方法简单，管理容易且干净卫生，可减少各种肠道疾病的发生（图 4–12）。蛋鸡平养育雏密度要求 1 日龄每平方米 40 只，3 日龄每平方米 20 只，2 周龄每平方米 14 只，3 周龄每平方米 10 只，4 周龄以后每平方米 7 只。

图 4–11　地面平养育雏

图 4–12　网上育雏

（4）笼养育雏

笼养育雏是目前比较好的育雏方式，不仅便于管理，可减少疾病发生，而且可增加育雏数量，提高育雏出苗率（图 4–13）。

图 4–13　笼养育雏

（5）雏鸡的饲养管理

雏鸡育雏阶段从 1 日龄至 6 周龄。雏鸡开食前，先用 5% 红糖水加 1% 多种维生素混合饮水，可促进卵黄的吸收，减少发病，提高饲料转化率。饮水 1 小时后再开食，用雏鸡颗粒饲料饲喂，开始每日喂5~6次，对于体质较弱的鸡夜里要加喂1次，以后逐渐每日改喂3~4次。雏鸡料的营养指标：粗蛋白18%~20%，能量2850~3050千卡/千克，粗纤维3%~5%，粗脂肪2.5%，钙1%~1.1%，磷0.45%，蛋氨酸0.42%~0.52%，赖氨酸0.92%~1.17%。雏鸡的用料量应根据实际饲喂情况而定。雏鸡饲喂一定要做到定时、定量、定质，并要保持清洁饮水。雏鸡到场后前3天，白天在每升水中添加10%氟苯尼考500毫克+恩诺沙星500毫克，预防鸡沙门菌和大肠杆菌等，夜晚饲喂清水。

（6）育雏鸡舍水料位的控制

水位和料位必须要保证鸡群的采食和饮水需要。笼养育雏每15只鸡用1个饮水器（图4–14），平养育雏每30只鸡用1个饮水器；笼养育雏建议在1日龄就开始使用乳头式水线，平养5~7日龄后开始。平养种鸡育雏前3周每18~22只鸡用1个料筒，3周后减至每12~14只鸡用1个料筒，分群后尽量减至10只或10只以下，同时注意料筒的高度以雏鸡鸡背高度为准；笼养育雏前3周每10~15只鸡用1个料筒，从第二周开始向料槽中添加少量饲料，让鸡适应料槽，断喙完成3天后开始全部使用料槽。

图4–14 杯式饮水器

（7）育雏舍环境的控制

如果室内空气湿度过低，雏鸡体内的水分会通过呼吸大量散发出去，同时易引起灰尘飞扬，使雏鸡易患呼吸道疾病；如果室内空气湿度过大，会使有害微生物大量繁殖，影响雏鸡的健康发展。因此，育雏室需保持正常的通风和换气，并要认真观察雏鸡的行为活动，严防雏鸡感冒。要求做到在通风之前，先提高育雏舍内的室温，通风时间最好选择在中午前后，通风换气应缓慢进行（图4–15、图4–16）。育雏舍环境参数见表4–1。

图 4-15　育雏舍保温设备

图 4-16　育雏舍通风口

表 4-1　育雏舍环境参数

项目	适宜环境要求
温度	第一周 33~35℃，第五周保持 25~28℃
湿度（%）	65%~70%
二氧化碳（CO_2）	控制在 0.2%，不超过 0.5%
氨气（NH_3）	要求低于 10×10^{-6}，不应超过 20×10^{-6}
硫化氢（H_2S）	要求低于 6.6×10^{-6}，不应超过 15×10^{-6}

（8）光照及饲养密度

蛋鸡育雏阶段的光照直接影响其生长性能。建议在育雏阶段采用间歇式光照程序，但在 0~5 日龄不采用间歇式的光照程序，一般在 0~3 日龄光照 22 小时，4~5 日龄光照 21 小时，最好不要使用 24 小时光照。0~7 日龄使用明亮光照（30~50 勒）可以帮助雏鸡快速找到饲料和饮水，并适应新的环境。一周以后，减少光照强度并开始逐步减少光照时间，并进行间歇式光照，即开灯 4 小时后关灯 2 小时，这样交替进行光照。间歇性的黑暗给雏鸡提供休息时间，让雏鸡建立更加自然的休息和活动相间的生活规律。育雏鸡光照时间见表 4-2。

表 4–2 育雏鸡光照时间

日龄 / 日	每日光照时间 / 小时
0~3	22
4~5	20~21
6~9	17~19
10~14	14~16
15~28	12~14
28~42	8~10

蛋鸡养殖过程中饲养密度过大，活动空间受到限制，其生长所需的空间即受到一定程度的影响。蛋鸡缺乏运动影响骨骼和心肺功能的发育。蛋鸡群饲养密度过高，容易产生局部激烈的竞争，如产生饮水、进食和活动空间的争抢，还容易引发蛋鸡群啄癖，使蛋鸡躯体羽毛残缺不全，出现秃头、秃尾、光背等现象。严重的将频繁出现鸡群踩踏和挤压，造成死亡率的增加。育雏鸡最佳饲养密度见表 4–3。

表 4–3 育雏鸡最佳饲养密度

日龄 / 周	密度 / 只 · 米 $^{-2}$
1~2	30~40
3~4	25~30
5~6	20~25

（9）雏鸡断喙

蛋鸡雏鸡的断喙主要分为激光断喙和火炽断喙。激光断喙一般在雏鸡出壳后、出场前断喙（图 4–17）。火炽断喙时间一般是在蛋鸡 7~10 日龄（图 4–18），为防止断喙引起的应激，断喙前后可在饮水或饲料中添加抗应激的电解多维（每吨水中添加中鲨美维舒 500 克）。使用切嘴机（永顺利 WY–2 型）断喙，开机后几秒内温度可达到 500~700℃，断喙时要精准，手要快，时间要短，保证断喙平整、不出血。

图 4-17　激光断喙机

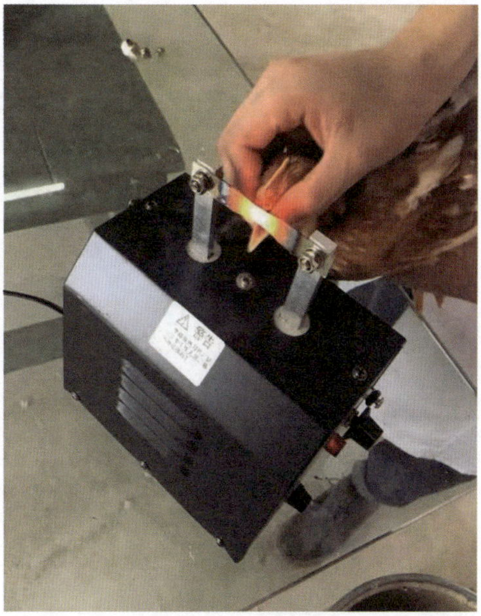

图 4-18　雏鸡切嘴

（10）雏鸡疫苗免疫

为防止蛋鸡雏鸡发生各种传染病，应根据本场的生物安全条件及周边环境制定适合本场的疫苗免疫程序，做好马立克病、鸡新城疫、传染性法氏囊病、传染性支气管炎、传染性喉气管炎和禽流感等疾病的疫苗免疫工作（图 4-19 至图 4-21）。

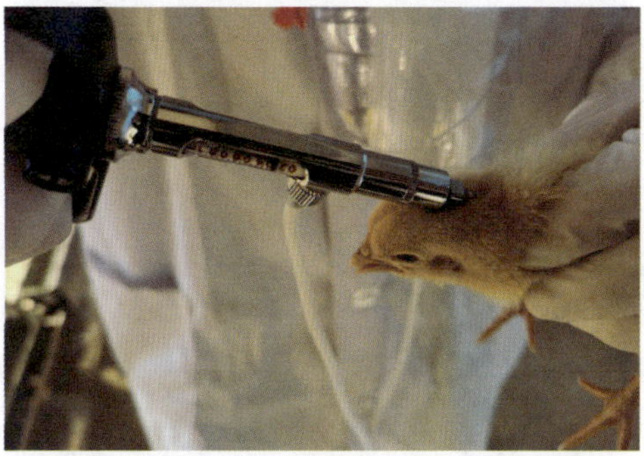

图 4-19　雏鸡皮下注射免疫

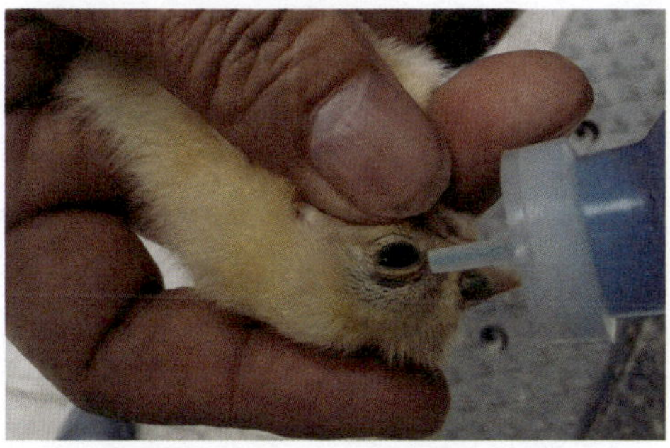

图 4-20　雏鸡点眼免疫

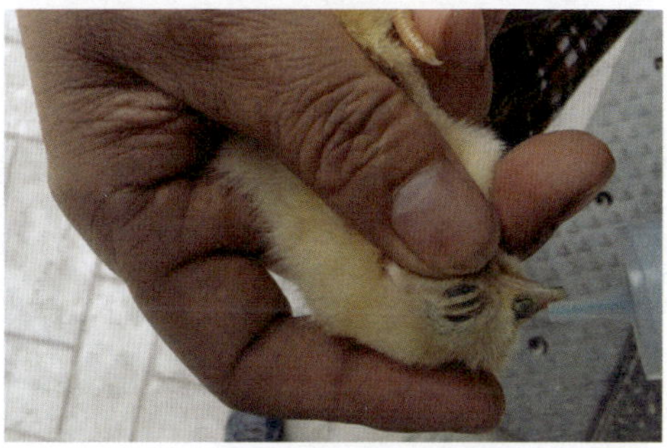

图 4-21　雏鸡滴鼻免疫

（二）育成鸡的饲养管理

蛋鸡育成阶段是指从7周龄到18周龄转入产蛋期前的阶段。为了使蛋鸡群保持良好的健康状态，达到稳产、高产的目的，蛋鸡育成阶段的饲养管理必须做到科学的饲养、精心的管理。

1. 育成鸡喂料管理

蛋鸡育成阶段是蛋鸡骨骼和机体各部分器官生理发育的重要阶段。育成鸡料的营养指标应为粗蛋白18%~20%，能量2700~3000千卡/千克，粗纤维3%~5%，钙0.90%~2.5%，磷0.38%~0.45%，蛋氨酸0.30%~0.43%，赖氨酸0.60%~0.89%。每天喂料2次，固定喂料量和时间，并控制体重，个体均匀度达80%以上，严格控制光照强度和光照时间，避免过早性成熟。根据当地的气候环境及季节变化调整育成鸡的营养水平，保证育成鸡营养均衡，做到料槽中不剩料，并保证每只育成鸡每天平均采食量达到标准（参照表4–4）。原则是使鸡早晚吃饱、中午吃好、下午不喂，把应喂的饲料加在早晨和晚上；加料要均匀，随时摊平食槽中堆成小堆的饲料，防止把料啄出料槽。另外要做好料槽的卫生，不新鲜的饲料及时清理，并做好育成舍的卫生工作。

2. 育成鸡饮水管理

保证供给清洁饮水，每天检查育成鸡的饮水量（参照表4–4）。在饮水线中添加药物或多种维生素后需及时冲洗水线管道，防止水线和饮水乳头堵塞。每半个月需清洗水线管道，防止管道内滋生水垢和青苔。注意在夏季高温时期做好鸡场的贮水工作，防止断水、停水，避免因缺水造成育成鸡群的死亡。

表4–4　育成鸡采食量和饮水量

周龄	体重/克	每天每只采食量/克	每天每只饮水量/毫升	均匀度/笼
7	543~577	41~43	62~86	＞85%
8	650~690	45~47	68~94	
9	757~803	49~53	74~106	

续表

周龄	体重 / 克	每天每只采食量 / 克	每天每只饮水量 / 毫升	均匀度 / 笼
10	863~917	52~56	78~112	＞85%
11	960~1020	58~62	87~124	
12	1048~1112	62~66	93~132	
13	1125~1195	67~71	101~142	
14	1193~1267	70~74	105~148	
15	1261~1339	72~76	108~152	
16	1329~1411	75~79	113~158	
17	1397~1483	78~82	117~164	＞90%

3. 育成鸡光照管理

（1）光照原则

育成期的光照时间不宜过长也不宜过短。为了防止育成鸡过早性成熟，育成期间一般采用渐减的光照制度，以每天 8~9 小时的光照为宜。

（2）光照强度

海兰灰蛋鸡育成期光照强度以 5 勒为宜，海兰褐蛋鸡育成期光照强度以 10 勒为宜。蛋鸡育成期为了防止通风口透光，通风口必须使用遮光措施。

（3）光照刺激的时机

若鸡群没有达到标准体重，光照时间可延缓到下一周再增加，光照刺激最迟不晚于 19 周龄。如果育成鸡群低于标准体重实施刺激光照，会导致蛋重变小，产蛋高峰持续时间短或高峰过后产蛋量下降过快等。18~19 周龄的蛋鸡，每周各增加 1 小时光照，从 20 周龄起每周增加 0.5 小时光照，一直到产蛋鸡的正常光照时间为 16 小时为止。

4. 育成鸡舍温度与湿度管理

育成鸡舍的适宜温度为 18~23℃，临界温度为 0℃和 30℃。春天和秋天的温度容易达到适宜范围。冬季开放式鸡舍（笼养）需要做好封闭鸡舍的措施，北方地区冬季需要在鸡舍内增加采暖设施，并做好通风工作。夏季全封闭的鸡舍通过水淋和纵向排风，鸡舍内温度可控制在30℃以下。育成鸡舍适宜的相对湿度为55%~65%，鸡舍内湿度过高容易滋生有害病菌，湿度过低蛋鸡可吸入的细颗粒粉尘量加大，容易引发呼吸道疾病。

5. 育成鸡舍通风技术管理

根据育成鸡舍内温度、湿度和空气中的有害气体情况来决定通风量。

（1）对开放式鸡舍的通风原则

开放式鸡舍应保持鸡舍内空气新鲜，排除鸡舍内的灰尘和有毒有害气体，同时控制鸡舍内适宜的温度和湿度。在我国南方地区，开放式的笼养鸡舍主要通过塔式屋顶、屋顶无力抽风机或鸡舍内通风风扇来增加鸡舍内新鲜空气的流通。

（2）对封闭式鸡舍的通风原则

封闭式鸡舍的通风主要是通过鸡舍内各个方位安装的感应设备，收集鸡舍内的温度、湿度、粉尘及有毒有害气体浓度的数据信息汇总到电脑终端，再根据电脑软件分析来控制通风量。在夏季高温季节，电脑终端输出指令开启所有风机并启动水帘纵向抽风，降低鸡舍内温度达到防暑降温的效果。在冬季寒冷季节，电脑终端输出指令启动风机并开启侧边通风窗口通风和排出粉尘等。冬季在侧边进风口需安装散风板，以免冷风直接吹到蛋鸡身上造成受凉感冒影响生产。

6. 育成鸡体重和胫长管理

育成鸡的体重和胫长测定是衡量育成鸡群生长发育的重要指标（图4–22），不同品种的蛋鸡育成期都有其相对应的标准体重和标准胫长（参考附录四）。符合标准体重和胫长的育成鸡，说明其在育成阶段生长发育正常，将来产蛋性能好，饲料报酬高。育成体重过重或胫长短，蛋鸡在产蛋期间产蛋性能就差，死亡率高；如

图4–22 胫长、胫围测定

果育成鸡体重太轻或胫长短，说明育成鸡在育成阶段生长迟缓，蛋鸡在产蛋期产蛋高峰期持久性也差。因此，蛋鸡在育成期要通过称重和测量胫长来了解育成鸡群的生长发育情况，在生产实践中主要根据育成鸡体重变化及时调整饲喂量和饲料配方。如果育成鸡群的体重和胫长低于目标标准，就应该采用高营养的饲料配方，直到体重和胫长达到与其日龄相符的标准为止。培育出骨骼发育良好的后备产蛋鸡是理想目标，为避免 12~18 周龄蛋鸡体重超标，可在育成鸡饲料中提高纤维素（添加 2% 中鲨纤维素）的比例，增加育成鸡的饱腹感，减少异食癖的发生。在育成鸡饲料中提高可溶性膳食纤维的比例，有利于增大育成鸡的胃容量和促进胃肠道的蠕动，减少因限饲对育成鸡机体的生理和肠道功能的损伤。

全群称重是最准确的，但在生产实践中不可能每只鸡都称重，一般都是从鸡群中抽出一部分鸡来称重，以测得的数值来推断全群的体重（图 4–23）。抽样比例一般为 3%~5%。从鸡群中抽出的个体应能正确代表鸡群的体重，因此必须采用随机抽样的方法。为了使抽样具有代表性，平养鸡抽样时一般先慢慢地驱赶鸡舍内鸡只，使鸡舍内各区域均匀分布大小不同的鸡只，然后在鸡舍对角线方向依次取点，随机将鸡用围栏围起来称重。随着科技的进步，可将带有传感器的电子称重器随机放置鸡舍中，让育成鸡自己称重，并将称重的数据传输到电脑终端。这样的称重方式减少了对鸡群的应激，且更能代表随机性。笼养育成鸡的每层笼子、每列笼子都要有取样点，每个取样点不管鸡只大小都要称重。育雏、育成期每周称重 1 次，产蛋期每 2 周称重 1 次。为了称重的准确性，应在鸡群空腹时称重。

图 4–23　电子称重秤

7. 育成鸡均匀度管理

育成鸡体重均匀度反映了鸡群个体的整齐程度，是评价特定时间段内鸡群生长发育的一个重要指标。体重均匀的后备蛋鸡群开产早、产蛋率高、产蛋高峰维持时间长。体重均匀度的计算方法是：体重均匀度 = 处于平均体重上下 10% 范围内的鸡只数 ÷ 抽样总数 ×100%。育成鸡体重控制标准见表 4–5。

表 4–5　育成鸡体重控制标准

均匀度	评价标准
低于 70%	不合格
70%~76%	合格
77%~83%	较好
84%~90%	最好

育成鸡体重均匀度的影响因素主要包括育雏鸡的质量、饲养密度、饲料营养均衡度、饲养环境条件的情况、疾病因素等。在实际生产中，必须从雏鸡阶段就开始加强鸡群的均匀管理，重视体重均匀度。将体重达不到标准的弱雏鸡和弱育成鸡挑选出来，采用分栏饲养的方法来补救。除了加强育成鸡体重均匀度的控制外，还要加强包括胫长、骨架、羽翼、抗体水平、性成熟和体成熟等方面的均匀度管理，为蛋鸡的开产和产蛋高峰的来临创造良好的条件。

8. 育成鸡鸡舍卫生和防疫工作管理

育成期是蛋鸡生长发育最快的阶段，加强育成鸡的日常卫生管理和防疫工作是确保蛋鸡生产成绩的前提条件。育成鸡舍每天定时清扫卫生，做好舍内通风换气工作，制定并执行严格的消毒制度。育成鸡疫苗的免疫和接种是这个时期的重要工作之一，是蛋鸡在产蛋期发挥出优良的产蛋性能的基础保障。

9. 育成鸡选择与淘汰管理

育成鸡的遴选是提高蛋鸡产蛋率的前提条件。必须仔细观察鸡群状况，结合称重结果，尽早淘汰病鸡、弱鸡、残鸡和性别鉴别错误的鸡，对体重不达标的鸡分群并加强饲养。蛋鸡场在实际生产过程中，为了减少饲料和人工的浪费，在 7 周龄的育雏鸡转入育成舍时进行一次初选，在 17 周龄的蛋鸡从育成舍转入到产蛋鸡舍时进行第 2 次的筛选。为了避免应激，接种疫苗的同时亦可对不达标的鸡只进行筛选并淘汰。

10. 育成鸡的驱虫措施管理

笼养蛋鸡育成期感染寄生虫主要是鸡虱、羽螨等体外寄生虫。平养或放养的蛋鸡感染体内、体外寄生虫的概率更高。蛋鸡感染寄生虫后主要表现为羽毛松乱、掉毛、羽毛无光泽、鸡冠偏白、鸡喙和鸡爪颜色浅等，鸡群体况消瘦、生长发育迟缓，少量出现死亡。因此，在育成鸡转入产蛋鸡舍前进行1次驱虫，对蛋鸡体内寄生虫和体外寄生虫联合用药，以保证鸡群正常的生长发育。在产蛋舍空栏消毒期间对鸡笼的缝隙及死角进行寄生虫和虫卵的消杀。正常情况下鸡场常用的消毒药无法杀灭寄生虫及其虫卵，只有溴氰菊酯或戊氰菊酯等体外杀虫药可有效杀死成虫和虫卵。为了使杀虫药更加有效地杀死体外寄生虫，可在鸡舍空栏消毒时使用泡沫消毒剂，并在消毒剂中加入溴氰菊酯或戊氰菊酯等杀虫药。泡沫消毒剂由于泡沫表面张力的原因可以使杀虫药更加有效地渗透进死角并持久地附着，可有效地杀死体外寄生虫。

（三）产蛋鸡的饲养管理

以海兰褐和海兰灰为代表的现代高产蛋鸡一般在17~18周龄开始产蛋，所以在17周龄前后备鸡转群上笼，让蛋鸡在产蛋期前熟悉环境。蛋鸡上笼推迟，会影响蛋鸡的开产时间和产蛋率。由于产蛋鸡的生理发生变化，要加强开产后蛋鸡的光照和营养需求。

扫码看视频

1. 后备鸡上笼前管理

认真做好蛋鸡后备鸡转群上笼的准备工作，后备鸡在转群上笼前要检查产蛋鸡舍的设备安全和运行情况。认真检查产蛋鸡舍的通风设备、投喂料设备、饮水设备、捡蛋设备及供电照明设备等。检查产蛋鸡舍内电线的线路是否老化、投喂料和鸡蛋的传送带是否出现裂痕，并及时更换或加以维修。准备好备用发电设备，特别是在夏季高温季节，必须在15分钟之内启用备用电源（图4–24）检查鸡舍内的下水道是否排水通畅，鸡笼和鸡架破损的地方要及时维修和更换，避免在生产过程中出现事故。

图4–24　备用发电电源

2. 产蛋鸡舍日常卫生管理

在蛋鸡的生产过程中会出现许多的粉尘和羽毛，要及时清扫，避免鸡舍内粉尘过大引起产蛋鸡的呼吸道疾病。对附着在设备上的污物要及时清理，避免腐蚀设备造成设备过度老化。对于全封闭的蛋鸡舍要提高环境卫生标准，因为全封闭鸡舍的内环境全靠机械设备来调节，环境卫生不良不但增加用电成本，而且对设备的损耗也加大了。

3. 产蛋鸡光照管理

蛋鸡进入 18 周龄后就开始逐渐产蛋，应按产蛋率的增加逐渐增强光照。生产实际中要注意不要快速地增加光照时间或加大光照强度，否则容易引起产蛋鸡泄殖腔外翻（俗称脱肛）。由于光照会促进产蛋鸡的性激素分泌，产蛋鸡的采食量随之增加。过快地增强光照，蛋鸡的体重增重也会随之增加，但是产蛋鸡的卵巢发育比体重增加慢，容易造成产蛋鸡体内脂肪的堆积，蛋鸡体型过于肥胖影响产蛋率的提升。生产实际中除通过对产蛋鸡的光照刺激来维持产蛋平衡，还可以通过光照调节后备鸡的性成熟和产蛋鸡开产后的产蛋整齐度。光照强度过强容易引起蛋鸡啄癖，过弱则起不到刺激作用。光照的强弱可通过调节灯光的强弱来实现。以海兰褐蛋鸡为例，如果在生长阶段饲养管理得当，后备鸡发育正常，一般于 19 周龄开始产蛋，20~21 周龄产蛋率达到 5%，27 周龄后达到产蛋高峰。

4. 产蛋鸡营养与保健管理

随着产蛋量的增加，产蛋鸡对饲料的营养需求也随之发生改变。一般在 19~20 周龄时将蛋鸡的饲料由育成鸡日粮慢慢地过渡到产蛋鸡日粮。随着产蛋量的不断增加，产蛋鸡对能量和蛋白质的需求量也随之加大，对钙磷的需求量也逐渐增加。新开产蛋鸡饲料中蛋白质含量应保持在 16%~16.5%，代谢能保持在 2700~2750 千卡 / 千克。冬季当产蛋鸡产蛋率达到 50% 以上时，应将饲料中蛋白质含量降到 15%~15.5%，代谢能提高 2800~2850 千卡 / 千克。当天气变暖后，再将饲料中蛋白质含量提高到 15.5%~16.5%，代谢能降至 2700~2750 千卡 / 千克。由于产蛋鸡产道、排粪口和排尿口都开口于泄殖腔，因此产蛋鸡的肠道健康直接影响产蛋率，建议在蛋鸡产蛋期间添加改善肠道健康的益生菌，如乳酸杆菌、枯草芽孢杆菌等。蛋鸡在产蛋后期由于性激素分泌的减弱，产蛋性能随之下降，容易在体内堆积大量的脂肪，引发蛋鸡脂肪肝。试验证明，在蛋鸡产蛋期间添加1%~2%中鲨禽用纤维素可降低蛋鸡脂肪肝的发生率和促进肠道健康。蛋鸡在产蛋期间各种不利因素都可能直接影响产蛋率，因此必须采取一切有效措施，使产蛋鸡群保持良好的健康状况和旺盛的繁殖功能。

5. 产蛋鸡舍消毒防疫管理

随着产蛋率快速上升，产蛋鸡机体的代谢旺盛，对疾病的抵抗力变弱，极易受到疾病的侵袭，所以必须加强鸡舍卫生和防疫消毒工作。严禁外来人员进入产蛋鸡舍，蛋鸡饲养管理人员进入产蛋鸡舍前要严格消毒。定期进行带鸡消毒和场内外的消毒，以减少疾病发生。对进入产蛋鸡舍的物品、工具和蛋筐必须经过严格的清洗和消毒。

（1）对鸡场内转群所使用的笼具等消毒

先用高压水枪清洗，再用泡沫或凝胶消毒剂对鸡笼黏附的有机物和设备进行覆盖杀菌消毒，接着用高压水枪清洗干净，最后晾干。彻底清洗进风口、风扇罩、扇叶和百叶窗。

（2）蛋筐、蛋盘等集蛋工具消毒

如果是塑料质地，耐腐蚀，可用0.05%~0.2%过氧乙酸或2%氢氧化钠溶液浸泡12小时以上，然后用清水高压冲洗干净，晾干后方可进入鸡舍（图4–25、图4–26）。每次浸泡前先将黏附在上面的污染物清除干净，再进行浸泡消毒，最后晾干待用。对于其他用具如木箱、塑料薄膜、铝箔、纸箱等耐腐蚀性差的用具，一般使用过氧乙酸或甲醛+高锰酸钾进行熏蒸消毒，每立方米用40%甲醛10毫升、

图4–25　蛋筐场外清洗

图4–26　蛋筐场外清洗机

高锰酸钾 5 克按 2 ∶ 1 的比例进行熏蒸消毒。金属笼具等则可用火焰喷烧法消毒。

（3）装运鸡只、鸡蛋的运输车辆消毒

在装载前先进行全面清扫和洗刷，然后可选用 1 ∶ 500 聚维酮碘溶液、1 ∶ 500 戊二醛苯扎溴铵溶液或 1 ∶ 500 二氯异氰脲酸钠溶液，按每平方米用量 0.5~1 升喷雾。消毒后再用清水清洗，然后晾干或烘干后使用。

（4）生产一线员工的工作服、鞋、帽等消毒

除在更衣室用紫外线消毒外，还应定期用消毒液浸泡后清洗干净，再熏蒸消毒后使用。

（四）蛋种鸡的饲养管理

蛋种鸡饲养周期长，生产现场具体操作环节多，对饲养管理要求更高。要确保更好地改善蛋种鸡各项生产数据和质量的稳定，保证鸡苗的孵化率及鸡苗的健雏率，提高蛋种鸡的生产效益，就必须遵循严格的生产管理制度和规范操作程序。

扫码看视频

1. 空舍期管理

有效的空舍期是指鸡舍内鸡粪等有机物清理冲刷干净并消毒完毕后空舍的这段时间。空舍期的主要作用是让鸡舍内的病原微生物处在无宿主的环境中，净化鸡舍内的环境，杜绝批次间污染，控制疾病传播，如滑液囊支原体病、沙门菌病。空舍期的主要工作包括：工作计划，空舍期要制定有序的工作计划，保证真正的空舍时间达到或超过 4 周；供水管道的清洗消毒，对水塔、压力罐、管道、水线等供水线路进行浸泡、冲洗、消毒；杀虫、灭鼠工作，定期对蛋鸡养殖区进行杀虫和灭鼠工作，空栏期间对鸡舍内的下水管道及老鼠洞进行防鼠处理；空舍期工作质量验收，对鸡舍清洗消毒质量进行检查评估，并取样送检，保证空舍期清洗、消毒工作的成效。

2. 育雏期饲养管理

（1）育雏期温度和湿度控制

笼养育雏鸡舍进鸡苗前，鸡舍温度要提高至 33℃左右，保证雏鸡不扎堆。进鸡后看鸡群状态，调整保温灯或保温伞的高度。

扫码看视频

雏鸡舍湿度控制在 65% 左右，笼养育雏场建议湿度控制在 60%。控制好育雏鸡舍的湿度可有效降低呼吸道疾病的发生率。

（2）均匀度控制

雏鸡到场后先饮水后开食，在水中添加 5% 的红糖可快速给雏鸡补充能量，减少因长途运输的应激；饮水后 2~3 小时开食，开食后 24 小时内通过眼观和手触的方式把弱小或未喝水吃料的雏鸡挑出单独饲养。每次免疫时通过手感挑出弱小的鸡，把体质弱小的鸡放上层笼舍、体质中等的鸡放中层笼舍，体质健硕的鸡放下层笼舍；蛋种鸡在疫苗免疫、转群和高温应激时可添加抗应激多种维生素（中鲨美维舒），为了保证蛋种鸡的均匀度做好鸡群计划，按体重大小分群饲养，并针对不同群体制定料量精准饲养（图 4–27）。

图 4–27　通过加药器添加维生素

（3）光照控制

①育雏期使用 18 瓦白炽灯，光照强度 30~50 勒，1 周龄鸡光照时间 22 小时，光照时间长、光照强度大有利于雏鸡熟悉环境；2~4 周龄鸡光照强度 25 勒，光照时间 18~20 小时；5~6 周龄鸡光照强度 5~15 勒，光照时间 15~17 小时。育成期根据蛋鸡体重情况在 7~14 周更换 5 瓦灯泡，将光照强度调整到 5~15 勒，光照时间 10~14 小时。15~17 周龄鸡维持恒定光照 10 小时，光照强度控制在 20~25 勒（图 4–28）。

图 4–28　光照强度测定

②初产期根据产蛋情况、均匀度情况、第二性征发育情况（鸡冠、主翼羽更换、耻骨开张），海兰蛋种鸡指标项目为19周龄末的平均体重达到1450~1530克，更换暖光（2700~3500开）可调节亮度的白炽灯，并保证灯泡具有足够的红光谱，光照时间从11小时开始缓慢地增加。如果体重不达标，则需要推迟增加光照的时间，直到体重达到标准体重后给予增加光照强度。增加光照强度的依据是综合考量的结果，在增强光照前3周就要着手进行数据收集，鸡群体斜长、龙骨长、骨盆宽、胸深、胸宽、胫长、胫围等抽测评估，对体重和耗料量进行分析，依据饲养鸡群的实际情况形成增强光照的评估依据。

3. 育成期管理

（1）在育成期阶段做好转群和脱温

一般在育成期阶段要经过2次的转群。转群最好是在清晨或傍晚进行，转群前4~6小时停料，转群前3天和入舍后3天在饮水中添加电解多维，转群当天连续24小时光照，保证采食和饮水。

（2）育成期饲料的更换

将雏鸡料更换为育成期料，如果体重不达标，可以继续使用雏鸡专用料到8周龄。饲料更换过渡具体方法是：第1~2天，使用2/3的雏鸡开食料+1/3的育成料；第3~4天，使用1/2的雏鸡开食料+1/2的育成料；第5~7天，使用1/3的雏鸡开食料+2/3的育成料。

（3）育成期光照管理

鸡雏前8周时间采用自然光照，8~18周龄采取最长的自然光照，不足的采用人工光照加以补充，以避免在生长后期逐渐延长的光照时间导致母鸡性成熟而早产。18周龄鸡群达到标准体重，每周延长光照0.5~1小时，直至增加到16小时后恒定不变。若鸡群没有达到标准体重，光照时间可延缓到下一周再增加，但不晚于19周龄。

4. 产蛋期管理

蛋种鸡开产期饲养管理原则是：开产前做好蛋鸡的全部基础免疫工作，同时做好驱虫，为蛋鸡进入产蛋期保持好的体况、较高的抗体水平和机体抵抗能力，以及提高饲料转化率做好充分准备；做好饲料营养的调整和光照管理，以满足产蛋鸡生产的需要。

（1）饲料营养要从育成料过渡到产蛋料

坚持循序渐进的原则，做好育成期向产蛋期的科学过渡。方法是：使用 2/3 的育成日粮 +1/3 的产蛋期日粮饲喂 2 天，使用 1/2 的育成日粮 +1/2 的产蛋期日粮再喂 2 天，使用 1/3 的育成日粮 +2/3 的产蛋期日粮再喂 2 天，以后改成产蛋期日粮，整个过渡期约 1 周完成。随后饲料营养的增加要随着产蛋率的递增而逐渐增加，切忌增加太猛。蛋白质增加过量会因蛋体太大增加难产、脱肛概率，而且一旦不能及时发觉会因严重啄肛致死。贝壳粉或石粉加入太猛、过量，蛋鸡吸收不了，只能通过增加饮水、加强体循环促进排泄多余的矿物质来保持平衡，不但增加了肝、肾功能负担，而且往往容易导致腹泻，因此，豆粕、贝壳粉的增加量每次调整 1%~2% 为宜。

（2）要注意饲料日粮的平衡供给

特别要考虑能量与蛋白比、钙磷比、钙与钠之间的协同性，以及各种必需氨基酸之间的协调、平衡等细节。开产前两周可在饲料中加入 2% 贝壳粉或石粉，以促进钙磷的储备。通常蛋鸡料能量与蛋白比以 17 ： 1 为宜。

（3）适时开产

体重过轻或者胫长（高）不够即行开产，容易导致蛋体小、产蛋高峰持续期短、产蛋总量低，严重的会因难产而引起不必要的损失。因此，开产时机的把握要根据其品种要求，待达到体重和胫长（高）标准，确认鸡群达性成熟和体成熟时方可开产。

（4）补光与换料需同步进行

待育成蛋鸡达品种开产体重和胫长（高）标准即可转入产蛋期管理，第一周先补光 0.5~1 小时，以后每周增加 0.5~1 小时，直至日照时长达 16 小时后保持恒定。

5. 种鸡疾病净化与健康管理

近年来滑液囊支原体在种鸡场阳性率相当高，种鸡场在支原体疾病的净化方案中不仅要做好支原体病的药物保健计划，也要做好呼吸道健康的管理。在种雏鸡进场后做好温度的管理，温度控制在 33℃左右，湿度保持 60% 左右，要确保温度均衡和稳定，一天内温度波动不超过 3℃。特别在冬春季节，考虑到通风的因素，鸡舍内室温最少高于体感温度 2℃，保证雏鸡和育成鸡舒适的温度和湿度。

肠道是蛋鸡体内最大的免疫器官，也是表面暴露程度最广的体内器官，是主动抵御病原体的第一道防线。肠道健康不仅让蛋鸡增加采食量、提高产蛋率，而且直接关系蛋鸡对饲料的消化和吸收效率。以往为了减少饲养过程中肠道疾病的发生，往往在饲料中添加抗生素来阻止蛋鸡肠道疾病的发生。大量的抗生素打破了肠道菌群的平衡，也导致产生有害菌的耐药性。在国家全面禁抗的背景下，应减少蛋种鸡的抗生素使用量，可在饲料中添加有机酸、酶制剂和益生菌制剂，通过改善肠道的内环境来促进肠道健康。试验证明，在蛋鸡的不同生长阶段添加可溶性膳食纤维可有效地促进肠道菌群中有益菌群如肠杆菌、拟杆菌属、双歧杆菌属、普雷沃氏菌属和瘤胃球菌属的生长。肠道中有益菌群发酵分解产生的乙酸、丙酸、丁酸等短链脂肪酸能降低胃肠道 pH，抑制或杀死大肠杆菌等有害菌群，促进有益菌的生长，从而改善蛋鸡肠道微生物结构。

沙门菌是种鸡垂直传播的主要细菌性疾病之一，种鸡患慢性或隐性带菌，其所产的种蛋平均 30% 左右带菌。沙门菌的净化目前有效的措施就是在种鸡全程饲养阶段，在饲料中添加有机酸、益生菌、膳食纤维及植物精油类添加剂，以改善肠道健康，预防沙门菌病的发生。种鸡进入产蛋期之前，必须严格对公母种鸡进行全面的沙门菌筛查，淘汰阳性鸡只，保证鸡群沙门菌阴性，减少沙门菌的垂直传播。

（五）种蛋的孵化管理

1. 产蛋期种蛋卫生管理

目的是减少种蛋及出壳雏鸡携带种鸡垂直传播病原菌的数量。通过清洗消毒，减少蛋库、种蛋运输车辆、孵化场储蛋库、孵化室、出雏容器及幼雏转运车辆等病原微生物的污染。通过仔细的挑选，减少臭蛋、爆蛋对孵化场所和种蛋的污染，保证雏鸡的质量。种鸡场工作人员的具体工作是：做好种蛋的消毒和分级管理；建立种蛋的质量评估体系和种蛋携带病原菌的检测和评估体系，严格对种蛋进行抽检，从种蛋均匀度、蛋形、蛋重、蛋色、蛋壳的致密性及种蛋的清洁度等方面进行打分（图 4–29），并对种蛋进行卫生清洁和熏蒸消毒。

图 4–29　蛋壳颜色评分

2. 种蛋孵化管理

（1）制定合理的消毒程序

对种蛋进行集中清洁消毒；对种蛋的孵化室进行清洁和消毒，应按每立方米空间用甲醛 30 毫升和高锰酸钾 15 克密闭熏蒸消毒；对种蛋的落盘进行清洁和消毒，对清洁和消毒的效果进行检测和评价。

（2）孵化室的温湿度适宜

孵化室内部的温度应在 22℃左右为宜，上下浮动不应超过 2℃，湿度应在 50%～65%之间（图 4–30）。为保持孵化室内空气新鲜，孵化室应有两套通风系统。

图 4–30　孵化车间

（3）种蛋预温

入孵前的种蛋必须先预温，一般须经 4 小时左右的预温。种蛋储存时保存的温度愈低，预热时间愈长。

（4）孵化期间日常操作

要有专人负责孵化工作，定时检查孵化器的温度、湿度、送风机及翻蛋的角度等，并做好详细记录。

（5）孵化人员进出孵化室消毒

进出孵化室都要喷雾消毒或者紫外线灯照射消毒。入孵第 5 天、10 天、18 天验蛋，检查胚胎是否发育正常，剔除无精蛋和死精蛋。检查胚胎和胎儿的发育情况。第 21 天出雏完毕后清洗孵化机，并用甲醛 + 高锰酸钾熏蒸 24 小时。

（6）放蛋的位置

种蛋在孵化时摆放的位置对孵化率有显著的影响。雏鸡在啄壳时一般都在靠气室的一端破壳，而气室一般在种蛋的大端。所以在孵化时要把蛋的大端朝上摆放，否则雏鸡在出雏时会缺氧死亡，降低孵化率。

（7）翻蛋

翻蛋的目的在于改变胚胎位置，防止胚胎与蛋壳膜粘连，促使羊膜运动，改善羊膜血液循环，增强胚胎的生命力。同时翻蛋可使箱内各部位种蛋的胚胎受热均匀，提高出雏率和雏鸡的整齐度。翻蛋的时间在 1~17 胎龄，翻蛋使胚蛋温度均匀，且保持良好通风。每隔 1~2 小时应翻蛋 1 次，翻蛋的角度以前俯后仰各 45° 角为宜。

（8）通风量的大小

应随环境温度和胚胎的发育情况而定。一般在孵化的第 5 天打开风门。在孵化过程中，随着胚胎与外界进行气体交换和热能交换的逐渐增大，风门也随之增大。良好的通风保证胚胎的正常发育，并排除胚胎发育后期多余的热量，使孵化机内的温度和湿度适合胚胎正常的生长发育，并提高种蛋的孵化率。

图 4–31 孵化箱内环境控制

（9）种蛋孵化的温湿度

胚胎发育的代谢活动必须在适宜的温度和湿度条件下进行。没有适当的温度和湿度，胚胎就不能正常发育，种蛋的孵化就得不到预期的效果。因此，适当的温度和湿度是种蛋孵化成功的前提条件（图 4–31）。种蛋孵化的温湿度见表 4–6。

表 4–6 种蛋孵化的温湿度

入孵时间 / 天	孵化的温度 /℃	孵化的湿度
0~5	38.0	65%
6~11	37.8	60%
12~18	37.4	55%
19~21	37.2	65%

五、蛋鸡饲料与日粮配制

（一）饲料配方基本原则

饲料配方必须遵循科学性、经济性、合理性、安全性四大原则（图 5-1）。

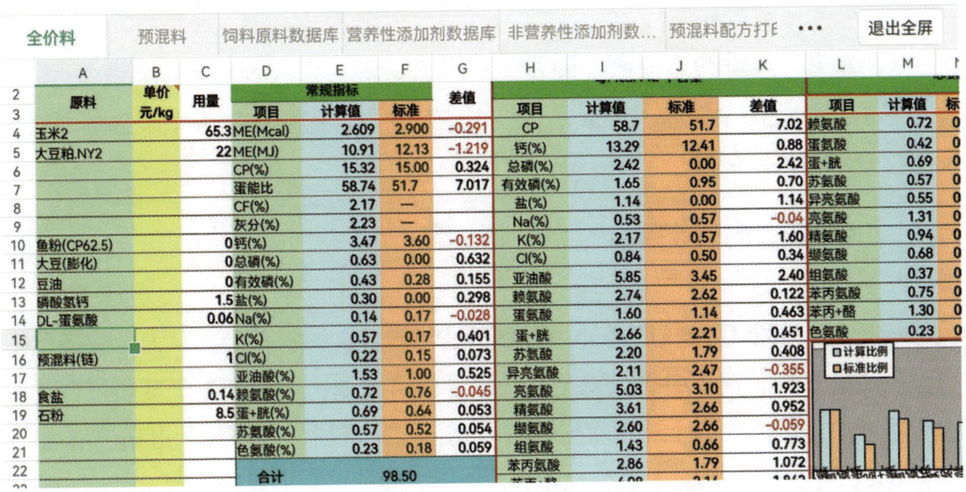

图 5-1　饲料配方软件

1. 科学性原则

饲料配方设计基础是遵循科学性，主要反映在营养均衡、适口性、消化性、多样性等方面。

2. 经济性原则

应结合生产实际需求来确定饲料配方。饲料原料的选用应注意因地制宜，并结合合理的饲料加工工艺，以节省劳动力消耗和降低成本为基准。

3. 合理性原则

合理性就是饲料生产的可操作性。配方在原材料选用的种类、质量稳定程度、价格及数量上都应与市场情况及企业条件相适应。产品的种类与阶段划分应符合养殖业的生产要求，还应考虑加工工艺的可行性。

4. 安全性原则

杜绝使用发霉变质的饲料原料，并严格控制饲料添加剂的添加量，避免使用过量引起中毒。

（二）配制配方时应考虑的因素

1. 影响产蛋量的主要营养因素

影响产蛋量的主要营养因素是日粮中能量水平、能蛋比、维生素含量、微量元素含量和钙磷比例。

2. 影响蛋重的营养因素

（1）能量

能量影响产蛋鸡饲料进食量。供应不足使鸡进食饲料不足，从而导致蛋重变小，产蛋量下降。饲料中能量充足，采食量相对增加，用作产生蛋黄脂蛋白的脂类物质增加，蛋黄占整个鸡蛋重量的百分比也同时增加，蛋的重量也相应增加。

（2）蛋白质

蛋白质进食量是直接影响鸡蛋大小的主要营养因素。产蛋鸡日粮中过低的蛋白质水平，不仅影响蛋重还影响产蛋率。产蛋率和蛋重随着饲料中蛋白质含量的增加而增加。

（3）亚油酸

亚油酸参与脂肪代谢，饲料中增加亚油酸的含量，会影响蛋黄形成的质量和重量。试验证明，在产蛋鸡日粮中添加1.5%的亚油酸，可显著增加蛋重。我们可以通过控制母鸡的开产日龄、体重、蛋白质及能量等营养素的进食量来控制蛋的大小，以满足市场需求并取得更大经济效益。

3. 影响蛋壳颜色的营养因素

主要有原卟啉 –IX、胆绿素和胆绿素锌螯合物 3 种色素，这 3 种色素的不同含量使鸡蛋显示褐、绿和粉等不同颜色。这些色素只存在于蛋壳表面的釉质层中，主要在产蛋前 3~5 小时沉积。但天然食物和饲料中的色素，不会沉积到蛋壳中。

4. 影响蛋壳强度的主要营养因素

鸡蛋蛋壳质量对蛋鸡养殖效益有着非常大的影响。蛋壳质量差不仅降低蛋鸡养殖的经济效益，还会降低种蛋孵化率，增加胚胎的死亡率等。蛋壳的形成和质量受许多因素的影响，包括遗传因素、环境因素、营养因素及鸡体的健康状况等。其中影响蛋壳品质的营养因素更为复杂，多种微量元素、维生素、氨基酸和其他添加剂等均能对蛋壳质量造成影响。蛋壳强度以光照透光度 1~5 分进行打分，评出蛋壳强度的优劣（图 5–2）。在生产实践中影响蛋壳的主要因素有 3 个。

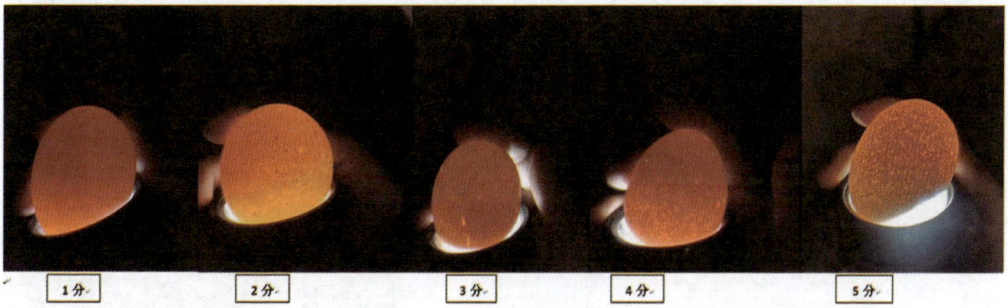

图 5–2　蛋壳强度优劣评分

（1）饲料中钙、磷添加水平及添加比例

饲料中钙的水平决定蛋壳的脆性，磷的水平决定蛋壳的韧性和弹性，而磷又与钙的代谢密切相关，所以钙、磷的添加量和钙磷的比例平衡对蛋壳质量有很大的影响。日粮中钙水平不足，会导致蛋壳质量下降，蛋壳厚度和强度降低，蛋壳变薄，出现软壳蛋、砂壳蛋和无壳蛋，且产蛋量下降。研究表明，产蛋鸡日粮的含钙量在 3.6%~3.9%、可利用磷水平在 0.3%~0.35%，不仅能够满足产蛋鸡的营养需要还能够保证最佳的蛋壳质量。笼养蛋鸡维持产蛋和保证蛋壳质量，每日需要 400 毫克的有效磷，但当日粮中的有效磷超过每日 500 毫克时，蛋壳钙质附着在蛋壳表面，形成白色沉积物或钙粒凸起，使蛋壳颜色变浅、色泽变差。而且高钙日粮的适口性较差，影响蛋鸡采食量，从而影响产蛋性能。石粉作为蛋鸡日粮中钙质的主要来源，故还应注意石粉中镁及重金属的污染问题。适宜粒度的石粉对蛋鸡生产尤为重要，一般来说，石粉颗粒越大在蛋鸡消化道上部停留的时间就越长，有助于保持鸡只血液中钙的浓度，满足蛋壳形成的需要，保证蛋壳的强度，减少鸡蛋的破损。

（2）饲料中的微量元素

微量元素中的锌、锰、铜作为一些酶的辅基，通过影响晶体的形成来改变蛋壳晶体结构，影响蛋壳的形成。

（3）饲料中的维生素

维生素 D_3 对蛋壳的形成有非常重要的作用，首先维生素 D_3 在肝脏和肾脏中被激活，产生 25- 羟基 - 维生素 D_3 和 1，25- 二羟胆钙化醇，其作用是提高肠黏膜细胞中钙结合蛋白的合成，促进钙的吸收和在蛋壳中的沉积，使蛋壳光滑且有较好的光泽度。维生素 C 对蛋壳质量的改善也有作用，一方面维生素 C 可以调节钙的代谢，另一方面维生素 C 可以减少应激对蛋鸡的影响。

5. 影响蛋黄颜色的营养因素

蛋黄液呈现黄色，但深浅不一，从淡黄色到橘黄色不等，这主要与其含有的色素种类和数量有关。蛋黄中的色素主要是叶黄素，这些色素主要来源于饲料，所以在蛋鸡饲养过程中添加黄玉米、苜蓿草粉、海藻粉等含叶黄素较高的饲料，蛋黄颜色较深，反之蛋黄颜色较浅。叶黄素溶于脂类，在饲料中添加油脂有利于叶黄素在蛋黄中的沉积而加深蛋黄的颜色。饲料中添加抗氧化剂，有利于防止色素氧化，提高色素对蛋黄的着色作用。在蛋鸡生产中，为了加深蛋黄的颜色，常常在饲料中添加从植物中提取的色素如辣椒素、胡萝卜素、番茄素等，以加深蛋黄的颜色（图 5–3）。

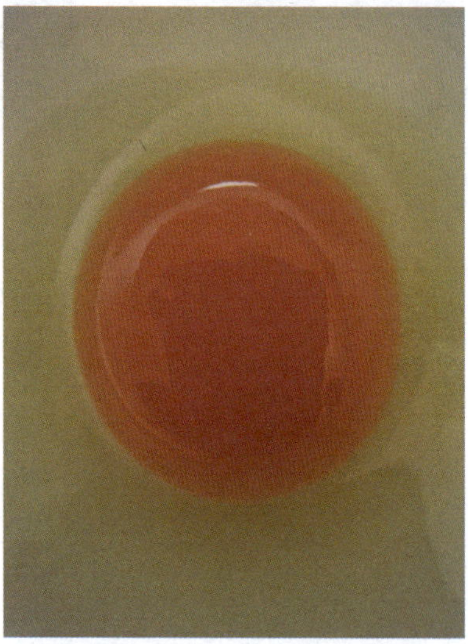

图 5–3　添加色素加深蛋黄颜色

（三）原料的选择

饲料原料的种类繁多、来源广泛，不同种类的饲料原料其营养价值不同，同一种饲料原料因质量有差异其营养价值也不同。即使是质量、营养价值相同的同一种饲料原料，但在不同时期其价格也不一样。按经验评价某种饲料原料价格的高低，往往只能定性，难以定量；而按营养成分的价格则可以选择价廉、质优的饲料原料。在饲料中消化能和粗蛋白质是两项最主要的营养衡量指标，绝大多数的饲料原料都含有这两种营养成分。依据饲料营养成分的价格选用原料是一种简便有效的方法，应用时要掌握以下几点。

扫码看视频

1. 选择饲料原料时要看原料的质量好差

不能只看价格高低，而要看饲料原料的质量好差，如水分含量的多少、颗粒是否饱满且均匀、霉变现象是否严重、杂质含量是否超标等。购入大批原料时，最好先对原料进行采样，并对成分进行检测分析和营养价值评定（图 5–4）。

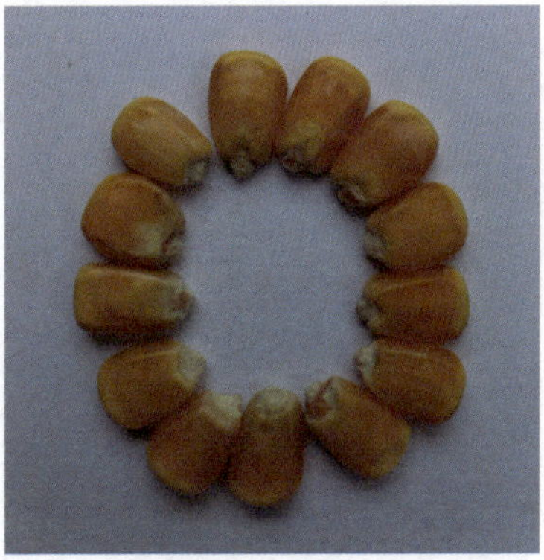

图 5–4　优质玉米原料

2. 饲料原料的选用或被更替应遵循饲料配方的合理性

就是依据价格高低的原则多配和少配的问题。任何一种饲料原料都有其优点和缺点，有的饲料原料有独特作用，有的饲料原料含有毒害物质。如玉米能量含量较高，但粗蛋白质含量较低，必须配合蛋白质饲料原料使用；豆粕粗蛋白质含量高，能量含量也不低，过多使用则造成蛋白质资源浪费；菜籽粕、棉籽粕价格低，但含有一些天然的毒素和有害物质。所以在原料的选用上不能搞“一刀切”和“绝对化”。

3. 饲料原料的选用

应根据各种饲料原料的营养成分特点和蛋鸡饲养标准的要求有针对性地补充某些特定的营养物质，使原料中各种营养成分之间相互平衡，达到相互补充和充分利用的目的。

4. 饲料原料的组成体积应与蛋鸡的消化道大小相适应

饲料原料组成体积过大，会造成蛋鸡的消化道负担过重，影响饲料的消化和吸收；饲料原料组成体积过小，即使营养物质已满足需要，但蛋鸡仍然感到饥饿而处于烦躁不安的状态，不利于其正常生长和生产。

5. 选定适用的饲料原料

应遵循蛋鸡各阶段的生长和生理对营养需要量的要求重新计算配方，必要时应针对不同营养需求适当调整投喂量，以确保不同生产阶段的蛋鸡获取充足的营养供给。

（四）饲料配方设计的基本要求

蛋鸡饲料配方是根据蛋鸡的营养需求、饲料的营养价值、原料的现状、价格波动及当地气候特点等科学合理地确定各种原料的配比。它不仅需要满足蛋鸡不同生长阶段的营养需求，而且必须充分发挥蛋鸡优异的生产性能，获得数量更多、品质更好、成本更低的鸡蛋。因此在设计蛋鸡饲料配方时必须充分了解蛋鸡对各种营养物质的需求量和各种饲料原料的特性，以此调配出最科学、合理的蛋鸡饲料。

六、蛋鸡常见疾病防控

（一）生物安全防控

蛋鸡养殖场必须建立完善的生物安全体系，制定科学的饲养、免疫、用药和消毒等生物安全防控措施，对传染源、传播途径和易感鸡群进行最有效的防控，以保障鸡群的健康，最大限度地降低生物安全风险对蛋鸡群的危害。

1. 生物安全空间环境的构建

（1）功能区严格区分

蛋鸡场选址应符合《中华人民共和国动物防疫法》要求。蛋鸡场布局时，要严格区分生产区、生活区和办公区的界限分隔（图 6–1 至图 6–4），各区之间要设置独立的消毒通道（图 6–5）。生产区内要有育雏舍、育成舍和产蛋鸡舍。各功能鸡舍之间防疫距离要大于 50 米，各功能鸡舍实行全进全出制。每栋鸡舍要具备独立的饲料储存塔、消毒池和用具储藏间。场区内的道路尽可能做到净道、污道分开，避免交叉（图 6–6）。

图 6–1　生产区办公室

图 6–2　生产区员工就餐点

图 6-3　生产区员工晾衣房

图 6-4　生产区更衣室

图 6-5　生产区人员消毒通道

图 6-6　鸡场污道出口

（2）设施设备合理配置

采用先进生产设备，合理调配设备的技术参数，可以充分发挥蛋鸡的优异生产性能，提高蛋鸡群健康水平，并提高生产效率。蛋鸡场要因地制宜，合理安排与配置消毒设备、投料设备、饮水设备、通风降温设备、清粪设备、病死鸡无害化处理设备、集蛋和蛋品贮运加工等设备，为蛋鸡场生产提供良好的内部环境。

2. 生物安全管理制度的构建

（1）人员管理

生产一线的工作人员要定期进行体检，符合从业人员健康标准才能上岗就业；严格管理外来人员进出场区，对场内的工作人员进出场区需严格遵守生物安全防控制度，进入场区的人员需通

扫码看视频

过消毒通道消毒。蛋鸡场生产人员不得随意进出场区，外出人员返场必须严格消毒和隔离，生产人员进出生产区必须消毒并更换相应的鞋帽和工作服，各鸡舍生产人员严禁串门和借用物品（图 6–7）。

（2）车辆管理

蛋鸡场生产区专用车辆有饲料转运车、育雏(成)鸡苗转运车、鸡粪转运车，生产区专用车必须专车专用。对于生产区内的工具车辆除进行定期消毒之外，还应严格按照规定线路点对点行驶，外来车辆一律在场区大门外停放并进行消毒（图 6–8）。

扫码看视频

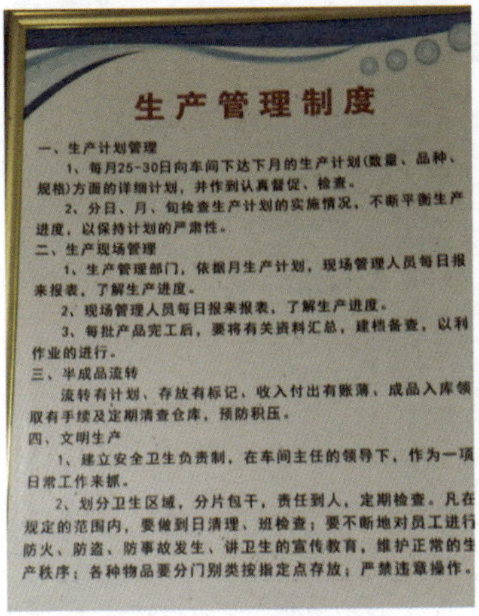

图 6–7　生产管理制度

图 6–8　鸡场外停车场

（3）物品管理

设备与器具需要在定点区域进行彻底的清洗及消毒后方可进入鸡舍。一线生产中的用具使用之前必须经过严格消毒方能进入鸡舍，并且不得在栋舍间串用和带出生产区。饲养员随身携带的物品、劳保用品要经过消毒之后才能带进生产区，手机、钥匙等经消毒后方可带入鸡舍，各栋鸡舍内工具不得串舍借用。维修零件、流动物品等进入鸡舍前必须经过熏蒸或喷洒消毒（图 6–9）。

（4）动物管理

蛋鸡场内禁止饲养除蛋鸡外的畜禽，禁止购入禽肉及禽肉加工成的食品。除了正常转群和淘汰鸡之外，禁止蛋鸡群在场区内、栋舍间流动。采用“全进全出”饲养模式，实现同一栋鸡舍同步进鸡、同步转群、整群淘汰。鸡群转出或淘汰之后，对所在的鸡舍要进行彻底清扫消毒，经过密闭熏蒸后空置栏舍 14 天（图 6–10）。定期在场内制定灭鼠、灭蚊蝇和灭虱螨的措施，切断鼠类、库蠓等传播疾病的途径。做好鸡场鸟类的管理工作，特别是开放式和半开放式的鸡舍在冬春季节要做好飞鸟的防范工作。

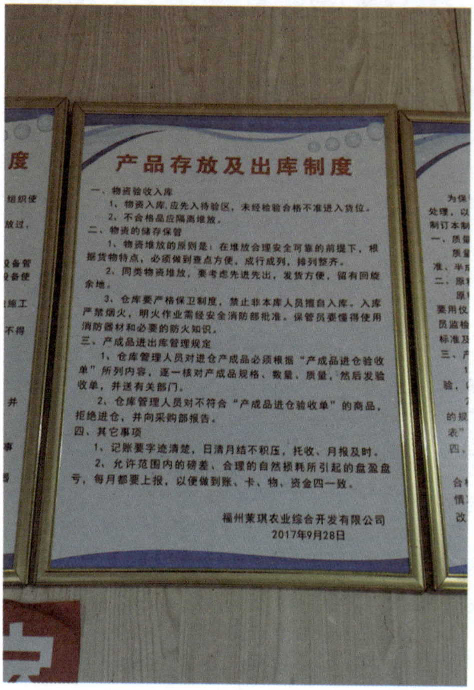

图 6–9　物品管理制度

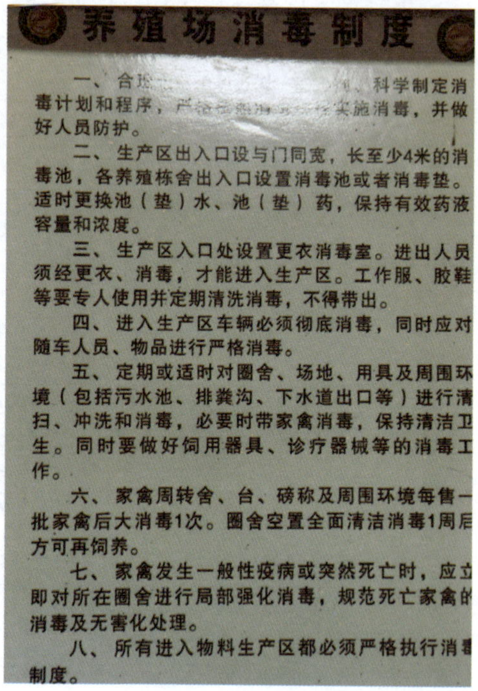

图 6–10　鸡场消毒制度

（5）免疫管理

切实做好疫苗免疫是构建生物安全体系的重要保障。应确实加强鸡新城疫和禽流感等重要传染病的免疫工作。根据鸡场所在地的实际情况制定科学的免疫程序，做好疫苗的运输和储存工作，并对免疫接种做好详细记录（图 6–11），同时配合当地疫控部门进行疫病流行监测。在鸡群免疫、转群、换料、冷热应激等阶段添加抗应激的维生素和中草药，以提高机体免疫力，保证蛋鸡健康生长，有效预防疾病发生。在疾病发生时，鸡场要及时采取果断和有效的措施，迅速控制、扑灭疾病（图 6–12）。

图 6-11 疫苗免疫记录

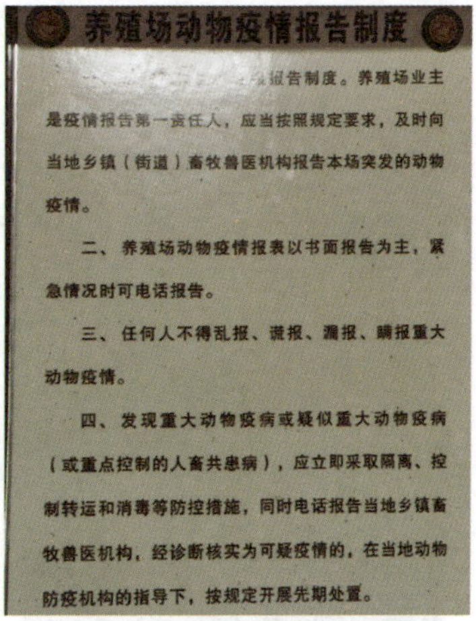

图 6-12 蛋鸡场疫情报告制度

（6）废弃物管理

蛋鸡场的废弃物处理是构建生物安全体系的重要环节。蛋鸡养殖场的废弃物主要包括粪便、污水、病死鸡及医疗废弃物等。废弃物处理不当会破坏环境卫生，极易引发疾病造成严重的经济损失，因此应对废弃物进行科学有效的无害化处理（图 6-13）。对鸡粪常用的处理方式有生物发酵处理和阳光大棚晾晒。生物发酵处理包括罐式生物发酵、堆积式生物发酵等。罐式生物发酵处理的优点是占地面积小，粪便处理高效，对环境友好；缺点是投资大、设备维护要求高、耗电量大，以及生产的有机肥肥力差（图 6-14）。堆积式生物发酵处理的优点是生产的有机

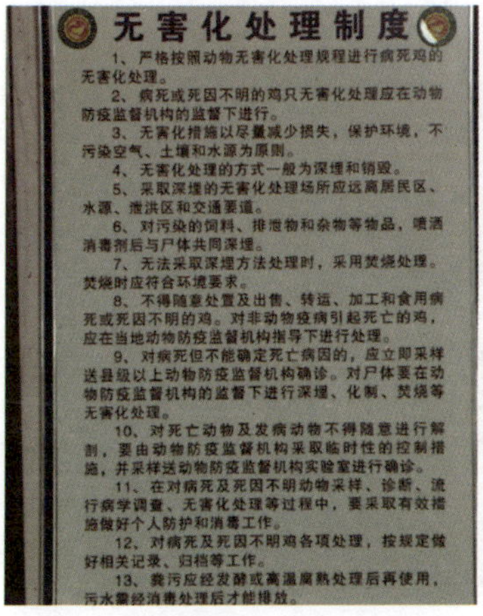

图 6-13 蛋鸡场无害化处理制度

图 6-14 鸡粪发酵罐发酵法

肥肥力相对较好，设备简单易维护，耗电量少；缺点是占地面积大、发酵时产生的气体污染环境（图 6–15）。阳光大棚晾晒鸡粪优点是有机肥养分好；缺点是占地面积大，晾晒需要大量的劳动力，对鸡场及周边的环境污染大，容易滋生蚊蝇造成疾病传播（图 6–16）。应对病死鸡及时进行无害化处理，避免疾病的传播。病死鸡的无害化处理目前使用较多的方法是生物发酵法，根据鸡场的养殖规模选择不同型号的处理设备（图 6–17）。不随意丢弃用剩的疫苗，用剩的疫苗和废弃的疫苗要妥善处理，活疫（菌）苗及容器必须进行无害化处理（深埋、高压高温、有效消毒药水灭活），防止污染环境及疫苗复壮（图 6–18）。

图 6–15　鸡粪堆积生物发酵法

图 6–16　鸡粪阳光棚晾晒

图 6–17　病死鸡无害化处理

图 6–18　医疗废弃物储存间

（7）防疫制度的建立

根据蛋鸡场的实际情况制定出综合有效的防疫制度，规范本场防疫工作。在制定过程中要广泛听取一线职工和专家的意见建议，并建立专家工作站进行长期指导与技术服务（图6–19）。防疫制度建立后要组织职工学习和实际操作，并及时修改和完善防疫制度，使职工充分认识到防疫制度的重要性。防疫制度确定下来就必须严格执行，指定专人负责检查、督促、落实。

图 6–19　专家工作站

（二）合理的免疫保健措施

蛋鸡疫苗免疫是机体抵御外来疫病的最后一道防线，合理有效的疫苗免疫是巩固这道防线的前提保证。疫苗免疫包括疫苗采购、疫苗运输、疫苗保存、疫苗注射及疫苗抗体检测。

1. 疫苗采购

疫苗优劣关乎其能否诱导机体产生有效免疫应答。要严把疫苗的采购关，确保疫苗安全、有效。购买疫苗首先要选择具有《疫苗生产许可证》和产品批文批号的生产企业，其次选择质量高、信誉强、服务好的生产厂家，最后在疫苗采购前签订符合国家法律法规的合同。

2. 疫苗运输

运输疫苗前，务必对疫苗进行严密妥善包装，防止运输过程中碰撞导致疫苗的破损（图 6–20）。在疫苗的运输过程中还要避免阳光直射、雨淋。所有的冻干活疫苗和灭活疫苗均应在低温条件下保存和运输（图 6–21）。

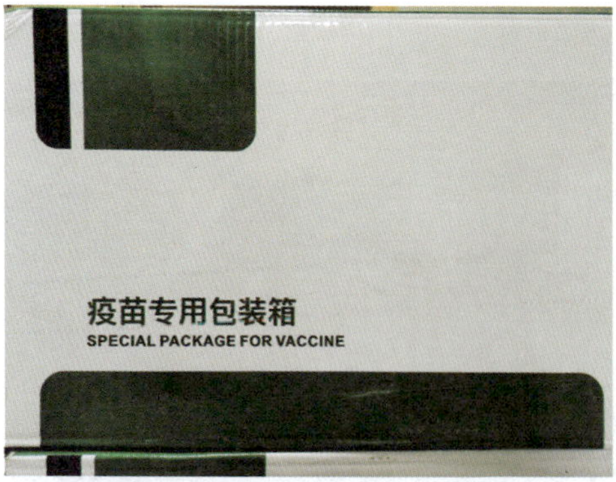

图 6-20　疫苗运输专用包装箱

图 6-21　疫苗运输专用包装箱

3. 疫苗保存

蛋鸡场使用的疫苗主要分为冻干活疫苗和油乳剂灭活疫苗两种。通常冻干活疫苗保存在 -15℃条件下保存期可达 1~2 年，0~4℃条件下可以保存 8 个月，25℃条件下保存期不超过一周（图 6-22）。油乳剂疫苗应保存在 4~8 ℃的环境中，在此温度下既能较好地保持疫苗毒株的抗原性，也可以使油乳剂型保持相对稳定（不破乳、不分层）。油乳剂疫苗在运输和保存过程中需要注意两点：一是切勿冻结和反复冻融，否则会出现破乳和分层的现象；二是虽然油乳剂疫苗属于灭活苗，但也不宜保存在常温或较高温度的环境中，否则会严重影响疫苗的抗原性（图 6-23）。

图 6-22　冻干疫苗保存

图 6-23　油乳剂灭活疫苗保存

4. 免疫程序的制定

免疫程序的制定必须遵循三大原则：一是根据蛋鸡场所在地区（或本场）疫病流行情况；二是根据本场蛋鸡的母源抗体水平来确定首免日龄；三是必须考虑疫苗间的相互影响和药物对疫苗的影响（图 6–24）。

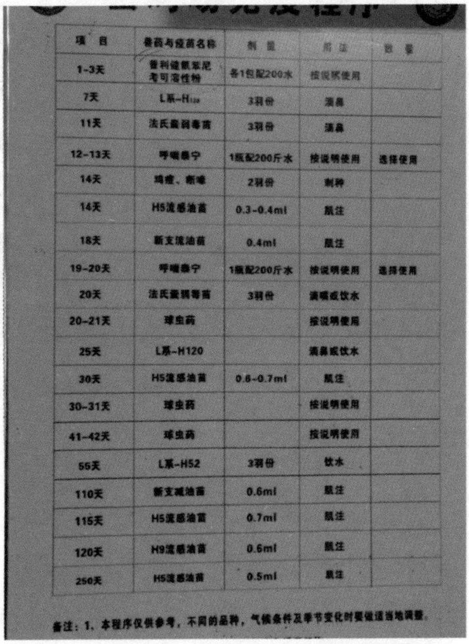

项目	兽药与疫苗名称	剂量	用法	[illegible]
1-3天	普利健氟苯尼考可溶性粉	各1包配200水	按说明使用	
7天	L系-H120	3羽份	滴鼻	
11天	法氏囊弱毒苗	3羽份	滴鼻	
12-13天	呼喘泰宁	1瓶配200斤水	按说明使用	选择使用
14天	鸡痘、新喉	2羽份	刺种	
14天	H5流感油苗	0.3-0.4ml	肌注	
18天	新支流油苗	0.4ml	肌注	
19-20天	呼喘泰宁	1瓶配200斤水	按说明使用	选择使用
20天	法氏囊弱毒苗	3羽份	滴嘴或饮水	
20-21天	球虫药		按说明使用	
25天	L系-H120		滴鼻或饮水	
30天	H5流感油苗	0.6-0.7ml	肌注	
30-31天	球虫药		按说明使用	
41-42天	球虫药		按说明使用	
55天	L系-H52	3羽份	饮水	
110天	新支减油苗	0.6ml	肌注	
115天	H5流感油苗	0.7ml	肌注	
120天	H9流感油苗	0.6ml	肌注	
250天	H5流感油苗	0.5ml	肌注	

备注：1、本程序仅供参考，不同的品种，气候条件及季节变化时要做适当地调整。

图 6–24　蛋鸡场疫苗免疫程序

5. 疫苗稀释

冻干疫苗使用前均需用专用的稀释剂或灭菌生理盐水进行稀释，特别对于马立克疫苗一定要使用疫苗配备的专用稀释剂。气雾免疫时不宜使用生理盐水等含盐类稀释剂，以免喷出的雾粒迅速干燥，导致盐类浓度升高而影响疫苗的活力。每瓶疫苗的稀释浓度一定要按照说明书的要求进行，并充分摇匀，否则不能保证疫苗的抗原含量，盲目扩大或缩小稀释倍数都不能达到理想的免疫效果（图 6–25）。疫苗稀释后应放在冰盒中，及时使用完毕，以免稀释后疫苗久置影响效价。一般疫苗稀释后 2~4 小时内使用完，马立克疫苗稀释后 30 分钟内用完。

扫码看视频

6. 疫苗接种

蛋鸡疫苗接种的方法较多，主要分为群体免疫（如饮水、喷雾）和个体免疫（肌注、点眼、滴鼻、刺种、刷肛等）两大类（图 6–26）。个体免疫效果确切，但工作量大，对鸡群的应激也比较大；群体免疫方便、快捷，但免疫效果不如个体免疫确切。几乎所有的冻干活疫苗肌注均能取得满意的效果，但应激较大，所以在雏鸡阶段通常采用点眼、滴鼻、刷肛和饮水进行免疫。

扫码看视频

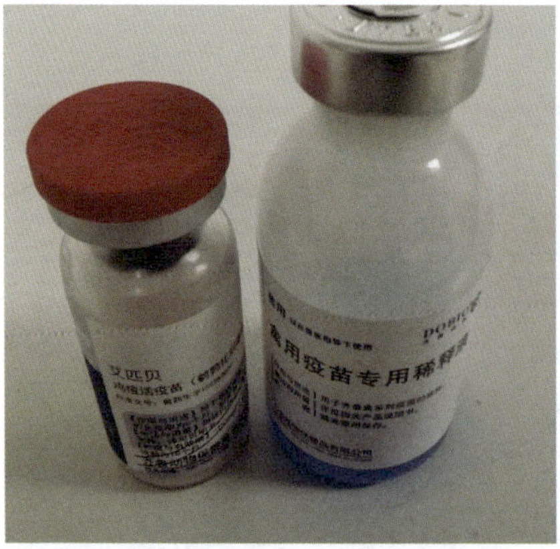

图 6-25　疫苗和疫苗稀释剂

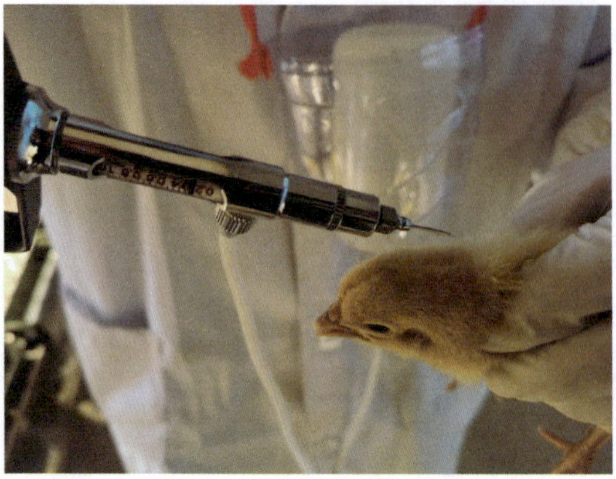

图 6-26　雏鸡疫苗免疫

7. 抗体检测

疫苗使用后 7~14 天尽量做抗体检测，以便及时了解蛋鸡群抗体水平，做到心中有数（图 6-27）。在生产实践中比较常见的有鸡新城疫抗体监测（HI 抗体水平需达 1 ： 64 以上），H_5 亚型禽流感抗体监测（HI 抗体水平需达 1 ： 256 以上），H_7 亚型禽流感抗体监测（HI 抗体水平需达 1 ： 256 以上），H_9 亚型禽流感抗体监测（抗体水平需达 1 ： 256 以上），减蛋综合征抗体监测（HI 抗体水平需达 1 ： 16 以上）等（图 6-28）。

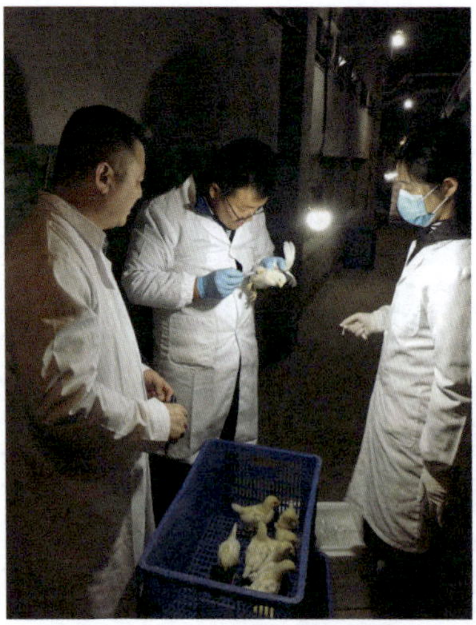

图 6-27　雏鸡抽血抗体监测

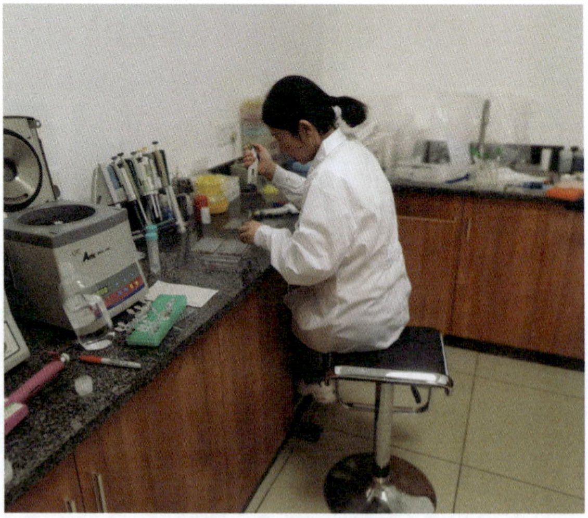

图 6-28　实验室抗体检测

8. 药物保健

在蛋鸡不同的生长阶段使用药物保健，可降低疾病发生的风险。在育雏阶段可使用抗生素对母体垂直传播的疾病进行阻断，如沙门菌病就可以在雏鸡 1~3 日龄时使用氟苯尼考或恩诺沙星等抗生素进行预防。在蛋鸡育雏和育成阶段可以使用抗球虫药和呼吸道药物进行预防保健。在蛋鸡产蛋阶段全程禁止使用任何抗生素，但可以添加提高机体免疫力的中药提取物和抗应激的维生素等，以提高蛋鸡抵抗疫病的能力。

扫码看视频

（三）常见细菌性疾病防控

蛋鸡的细菌性疾病常见有鸡沙门菌病、鸡大肠杆菌病、鸡传染性鼻炎等。

1. 鸡沙门菌病

根据病菌能否运动，鸡沙门菌分为鸡白痢沙门菌、鸡伤寒沙门菌和鸡副伤寒沙门菌。鸡白痢沙门菌和鸡伤寒沙门菌没有运动特性，这两种病菌引起的疾病称为鸡伤寒（简称 FT）；其他有鞭毛、能运动的沙门菌所引起的疾病则统称为鸡副伤寒（简称 PT）。鸡沙门菌病在世界各地普遍存在，对养禽业的危害性很大。

（1）病原

鸡沙门菌属于肠杆菌科沙门菌属。鸡白痢沙门菌和鸡伤寒沙门菌为革兰阴性的细长杆菌，大小（1.0~2.5）微米 ×（0.3~1.5）微米，不形成芽孢，无运动性，兼性厌氧。它们可以在普通营养琼脂上生长，在 SS 琼脂上生长良好，能在葡萄糖生化管中产酸，具有抗原（常见的有 O_1、O_9、O_{12} 等）。鸡副伤寒沙门菌为革兰阴性的平直、不形成芽孢的杆菌，大小（0.7~1.5）微米 ×（2.0~5.0）微米，通常周边有鞭毛，有运动性，兼性厌氧。其在能提供碳源和氮源的绝大多数培养基上均能生长，典型的 PT 沙门菌发酵产生多糖，并具有抗原性。

（2）流行病学

鸡白痢的死亡病例通常发生于 1~3 周龄雏鸡，育成鸡和产蛋鸡多为轻微发病或隐性带菌。鸡伤寒造成的损失始于孵化期，损失可持续到产蛋期。幼禽和成年鸡都可能感染鸡副伤寒，PT 感染幼禽可导致大批幼禽发病和死亡，但对成年鸡的致死作用非常不易感。鸡沙门菌病一年四季均可发生，饲养管理措施不到位、饲养密度过大、鸡舍通风不良、育雏期的温度不均匀、饲料品质差等因素均可导致或加剧此病的发生。病鸡和带菌鸡是此病的主要传染源。此病可通过粪污接触传播或胚蛋垂直传播。

（3）临床症状

鸡白痢引起的死亡率从0~100%不等，最大的损失发生在5~6日龄，在第3周后死亡迅速下降。鸡伤寒可致1月龄内的雏鸡死亡率高达26%。鸡白痢和鸡伤寒对雏鸡产生的病变临床上难以区分。育雏鸡感染鸡副伤寒沙门菌可导致大批发病和死亡，随着日龄的增大死亡率降低，但能引起肠道定居甚至全身扩散。感染沙门菌的病鸡主要表现为嗜睡，羽毛松乱，食欲丧失，挤压打堆，双翅下垂，排灰白色稀粪，肛门周围黏附白色粪便，有时出现病雏鸡呼吸困难、喘息，部分病雏鸡出现失明和关节肿大。耐过的病雏鸡生长缓慢。病程持续2~3周，而后逐渐转为慢性病例。保证育雏前期舍内的温度可有效降低死亡率。在中鸡和成年鸡上通常为慢性或隐性感染，主要表现为厌食、腹泻、精神沉郁，拉绿色或黄绿色稀粪（图6–29），严重时拉水样粪便，引起脱水和糊肛（图6–30）。产蛋鸡表现为产蛋减少及卵黄性腹膜炎等临床症状。

扫码看视频

图6–29 拉黄绿色的稀粪

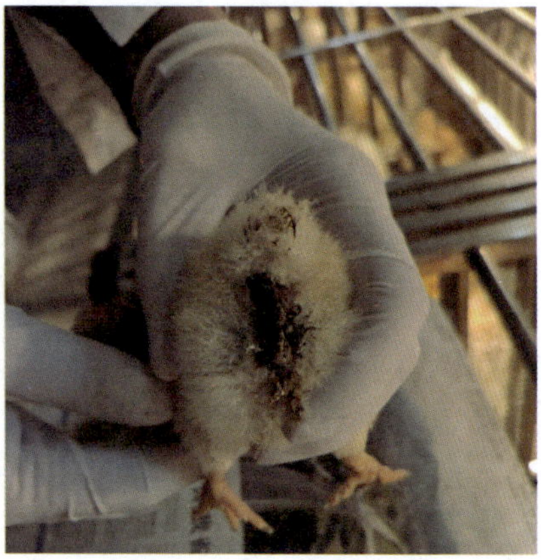

图6–30 肛门被粪便覆盖

（4）病理变化

鸡白痢和鸡伤寒最急性病例，肝脏、脾脏和肾脏可见到严重的血管充血。急性和亚急性病例出现严重的脱水，肝脏肿大，肝脏表面有大小不等、白色的坏死点（图 6–31），脾脏严重充血，卵黄吸收不良，卵黄囊充盈呈黄绿色（图 6–32）。严重的病例可见盲肠黏膜及黏膜下层广泛性坏死，且盲肠腔内有白色干酪样物；肺脏有黄白色坏死结节，心包膜增厚，心脏病变表现为肌纤维坏死，后期心外膜表面有坏死灶或结节，肠道壁变薄并充满气体，肾脏肿大，输尿管有尿酸盐沉积。鸡副伤寒严重爆发时，可迅速发展为败血症，引发大量死亡，无明显症状。病程长时常出现严重肠炎，盲肠坏死，脾脏和肝脏肿大和坏死。育成鸡和成年鸡主要病理变化是肝脏肿大、质地变脆、表面有坏死灶，腹腔有不同程度的积水，心肌有坏死灶。产蛋鸡还可看到卵巢上的卵泡变形变色，有时还有卵黄性腹膜炎和肝包膜炎。公鸡睾丸可见坏死灶，母鸡输卵管可见弥漫性轻度炎症。

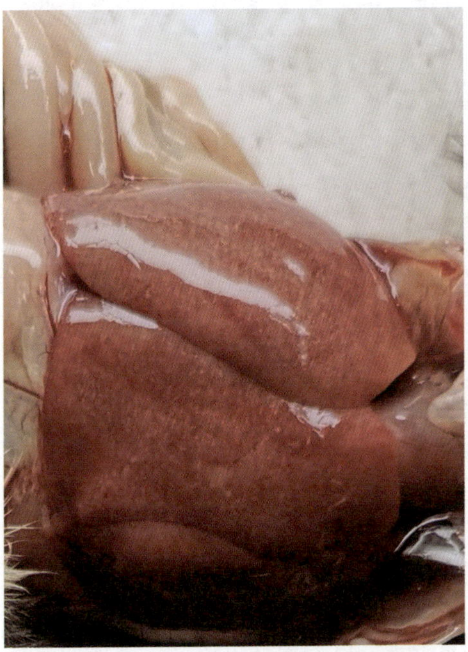

图 6–31　肝脏肿大、表面有白色的坏死点

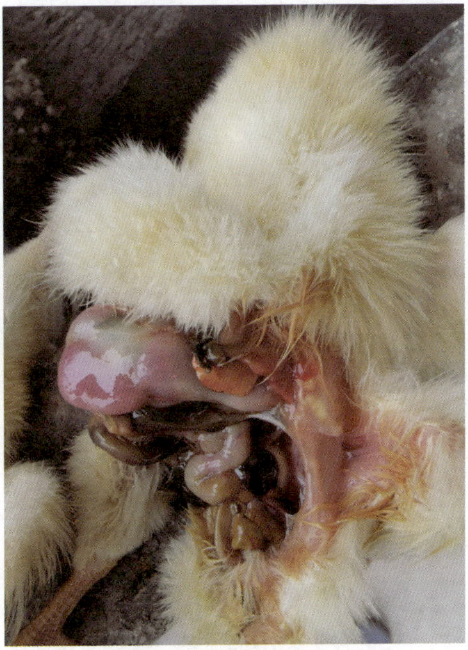

图 6–32　卵黄吸收不良

（5）诊断

此病发病的时间特点、临床症状、死亡率及病理病变可作为临床诊断依据。要确诊必须通过细菌分离与鉴定，必要时采用生化鉴定或聚合酶链反应（PCR）检测。大规模血清学样本检测和种用鸡群筛查可通过酶联免疫吸附试验进行检

测诊断。

（6）防治措施

①预防措施：国际上最有效的控制措施是通过对种用鸡群的检疫和净化，通过建立无感染鸡群，每隔 2~4 周对感染鸡群进行检疫，淘汰阳性带菌种鸡，直至连续 2 次全群检疫阴性为止；做好机械传播途径的阻断，严格做好人员的服装和工作鞋、养殖设备、孵化设备、鸡苗运输车和饲料运输车等消毒；做好育雏鸡的饲养管理。在鸡苗入舍前提高舍内的温度，做好舍内的湿度、通风、光照、饮水及饲料的卫生安全；做好种鸡的疫苗免疫接种工作，选择适合针对本场沙门菌菌株的疫苗进行免疫接种；做好药物预防，结合药敏试验选择针对性强的药物进行预防，在雏鸡到场后添加恩诺沙星、氟苯尼考、硫酸黏杆菌素等抗生素进行预防保健。雏鸡到场后在饮水中添加红糖和多种维生素，提高雏鸡的抵抗力降低此病的发病率和死亡率。

②治疗措施：在沙门菌病发病时，通过药敏试验筛选出最为敏感的药物进行治疗。临床上对沙门菌病敏感的药物有：盐酸环丙沙星、恩诺沙星、氟苯尼考、硫酸新霉素、阿莫西林、头孢噻呋钠等，可根据发病的情况结合药敏试验进行选择，具体用法用量参考说明书。

2. 鸡大肠杆菌病

鸡大肠杆菌病是部分或全部由大肠杆菌所引起的局部或全身性感染的疾病，具体包括大肠杆菌性败血症、慢性呼吸道型、蜂窝织炎型、腹膜炎型、肉芽肿型、输卵管炎型、滑膜炎型及全眼球炎型等表现型，临床上常见的是以心包炎、肝周炎、气囊炎为特征性病变的“三炎”。

（1）病原

大肠杆菌又叫大肠埃希氏菌，属于肠杆菌科埃希氏菌属，革兰阴性、非抗酸性，无芽孢，大小通常有（2~3）微米 ×0.6 微米，许多菌株可运动，菌体周身有鞭毛。大肠杆菌为兼性厌氧菌，在 SS 培养基上菌落为乳白色，表面较光滑，呈圆形，边缘较为整齐。大肠杆菌在伊红美蓝琼脂平板上，表现为深黑紫色、湿润光滑、带有金属光泽的圆形菌落。大肠杆菌体染色后一般为红色，单个存在，形态为短小的杆状。大肠杆菌的抗原有菌体抗原（O）、鞭毛抗原（H）、荚膜抗原（K）及菌毛抗原（F）。根据 O 抗原和 K 抗原的不同，大肠杆菌可分为许多血清型，目前已发现的 O 抗原有 173 个、K 抗原有 74 个、H 抗原有 53 个、F 抗原有 17 个。常见的鸡大肠杆菌血清型是 O_1、O_2、O_{35} 及 O_{78}。大肠杆菌对外界环境抵抗力中等，对物理和化学因素较敏感，常常在饲料加热制粒过程中被杀死，大多数的消毒药对大肠杆菌都有杀灭作用。

（2）流行病学

鸡大肠杆菌病是一种条件性疾病，主要由大肠杆菌污染饲料、饮水、用具及环境后，细菌经鸡的呼吸道、消化道和种蛋等途径传播。传播的途径主要有 3 种：垂直传染，一般认为种鸡的粪便污染蛋壳后，大肠杆菌由蛋外侵入到蛋内，这是大肠杆菌病重要的传染途径；接触传染，大肠杆菌污染饲料、饮水、空气、环境等后，经鸡的消化道和呼吸道发生传染；继发与混合感染，这是当前该病流行的一个重要特点，有调查显示继发与混合感染是家禽暴发大肠杆菌病的主要原因，占大肠杆菌病发病率的 56%。促使家禽对大肠杆菌敏感的因素有很多，包括病毒、细菌和寄生虫感染，以及环境、营养导致的免疫防御系统结构和功能受损等，即使对鸡只正常的疫苗接种有时也可能诱发大肠杆菌病。这是由于选用越来越强的毒株来增强疫苗的免疫效果，导致病毒在机体呼吸道和消化道黏膜中复制时损伤细胞，增加了大肠杆菌病的感染机会。此病一年四季均可发生，雏鸡最易感，成鸡有一定的抵抗力。

（3）临床症状

①三炎型：常见于 2~6 周龄的雏鸡。病鸡精神沉郁、缩颈眼闭、嗜睡、羽毛松乱、两翅下垂（图 6–33）、食欲缺乏或废绝、气喘。部分病例腹部膨大下垂，行动迟缓，严重者呈企鹅状，腹部触诊有液体波动。临床表现为咳嗽、拉黄绿色稀粪、羽毛松乱、鸡爪干枯、体格消瘦，少量出现死亡。遇到气候转变或应激时，病情加重，死亡率上升。

图 6–33　雏鸡精神萎靡

②输卵管炎型：产蛋母鸡可发生慢性输卵管炎，主要是大肠杆菌从

泄殖腔入侵输卵管而引发的输卵管炎，死亡产蛋母鸡腹部肿胀。

③卵黄性腹膜炎型：主要发生在产蛋母鸡，一般呈散发。病鸡停止产蛋，鸡冠发紫，排黄绿色粪便，死亡的病鸡多体膘良好。多发于感染病毒性疾病后期，表现为精神沉郁、脱肛、腹部膨大。天气骤变时鸡群死亡率偏高，病死鸡呈散发式分布。

④急性败血症型：6~10周龄的鸡多发，呈散发性或地方流行性，病死率5%~20%，有时可达50%。病鸡体况良好，嗉囊充盈，表明急性死亡。

⑤滑膜炎（骨髓炎）型：外表无明显的临床症状，主要表现为精神沉郁、生长速度较慢。

⑥眼炎型：在发生大肠杆菌性败血症初期，有部分鸡眼睑肿胀、流泪、畏光、角膜混浊、眼球萎缩而失明。

⑦肉芽肿型：特征是在小肠、盲肠、肠系膜和肝等部位出现结节性肉芽肿病变，病死率较高。

⑧脐炎型：多发生于胚胎期至3日龄的雏鸡。病鸡表现为腹部膨大，手摸有硬感。脐孔及其周围皮肤红肿，脐孔闭合不良甚至破溃。皮肤较薄，严重者颜色青紫。病雏鸡精神沉郁，少食或不食，饮水量下降，绒毛蓬乱，排绿色或灰白色水样稀粪，肛外凸，发出尖叫声。病雏鸡腹部膨大，脐孔不干，腹腔内的卵黄由正常的淡黄色变成棕色或黄绿色水样物，有些卵黄变成干酪样硬块。

⑨肠炎型：一般呈散发性，致死率较高。出血性肠炎病鸡主要表现为下痢，并带有血液。

（4）病理变化

①三炎型：主要表现为心包炎、肝周炎和气囊炎。死于三炎型的病鸡，可见心包积液，纤维素性心包炎（图6–34）；气囊混浊，呈纤维素性气囊炎（图6–35）；肝脏肿大，表面亦有纤维素膜覆盖，有时肝脏表面也有白色坏死点；脾脏略肿大。严重时在腹腔内可见到黄色干酪样物质。

②输卵管炎型：剖检可见输卵管壁出血且增厚（图6–36），严重时有红色分泌液体。

③卵黄性腹膜炎型：剖检可见腹腔内布满蛋黄凝固的碎块或蛋黄液，腥味恶臭，肝脏为褐色，有的病鸡输卵管内有黄白色干酪样物。部分病死鸡脱肛明显，泄殖腔发炎溃烂严重（图6–37）。

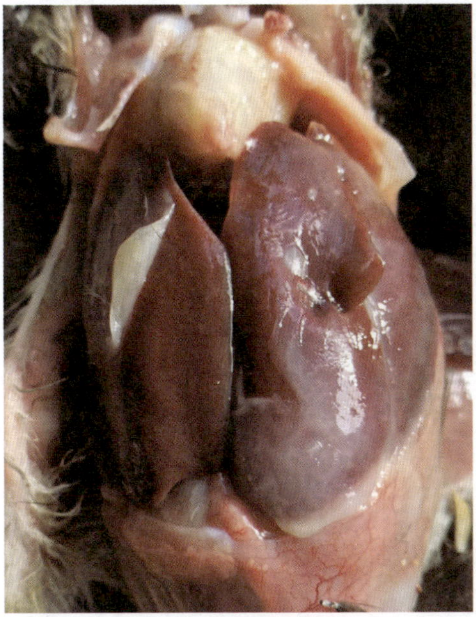

图 6-34　心包炎、肝周炎

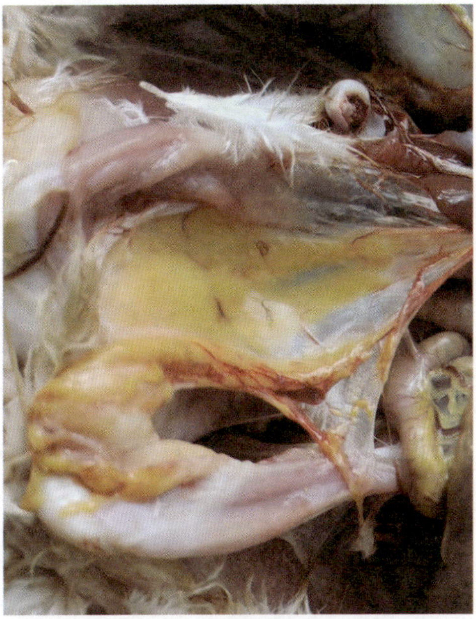

图 6-35　气囊混浊、发炎

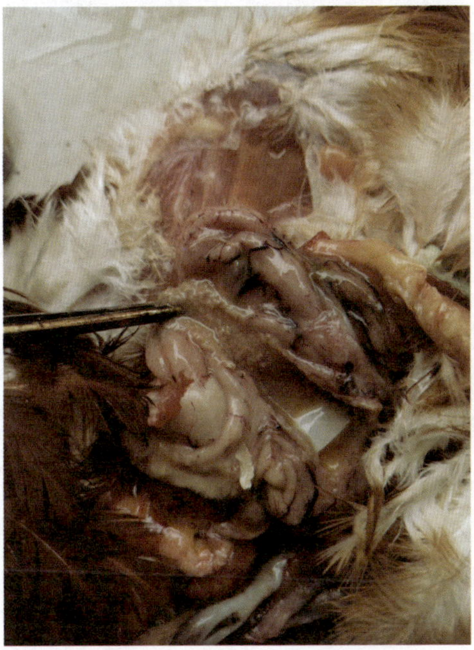

图 6-36　输卵管出血、增厚

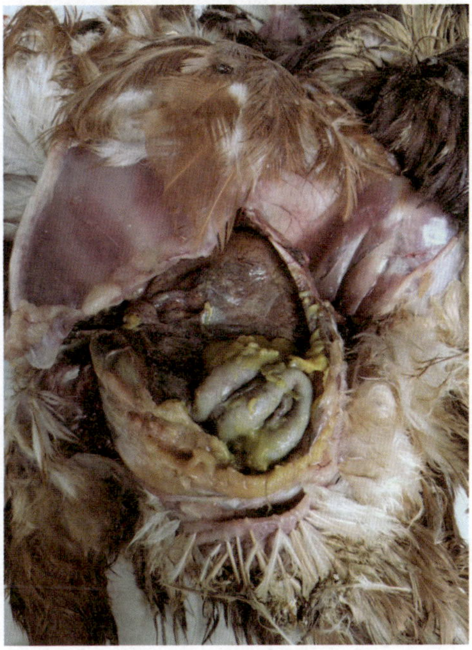

图 6-37　卵黄性腹膜炎

④急性败血症型：特征性的病理剖检可见变成绿色，脾脏明显肿大及胸肌充血。有时肝表面可见灰白色针尖状坏死点。

⑤滑膜炎（骨髓炎）型：一般是败血症的后遗症，病变发生在脊椎胸腰段关节腔，引起脊椎炎。

⑥眼炎型：眼睛出现肿大、化脓病理变化，严重的导致失明。

⑦肉芽肿型：心脏、肝脏、十二指肠、盲肠、肠系膜等器官出现典型的肉芽肿，外观与结核病结节、鸡马立克病的肿瘤结节很相似。

⑧脐炎型：剖检可见卵黄吸收不良，囊壁充血，内容物呈黄绿色。肝呈土黄色，肿胀，质脆，有斑状或点状出血。肠黏膜充血或出血。

⑨肠炎型：剖检可见肠黏膜出血和溃疡，多见小肠前段变化，小肠黏膜充血、出血，盲肠壁增厚，可见有小结节。

（5）诊断

根据此病的流行病学、临床症状及剖检病变可初步诊断。大肠杆菌病临床上常常与沙门菌病、支原体病、葡萄球菌病并发，要确诊就必须采用细菌培养分离、生化试验及 PCR 等技术鉴别诊断。大肠杆菌大多数菌落在伊红美兰琼脂上出现特征性黑色，并有金属闪光，在麦康凯培养基上出现亮红色菌落，并向培养基内凹陷生长，或在 tergitol-7 琼脂上呈现黄色菌落。大肠杆菌病往往是病毒性疾病和免疫抑制性疾病的并发症，所以在临床诊断上需弄清是否为原发性疾病，才能做到标本兼治。

（6）防治措施

①预防：为了充分降低鸡大肠杆菌病的发病率，应加强鸡场饲养管理措施。第一，做好鸡舍的通风，确保空气质量，特别要做好育雏舍的保温和通风工作，减少鸡舍内有害气体与粉尘的浓度。第二，定期清理粪便，做好鸡舍与周边环境的消毒工作。第三，强化科学养殖意识，及时淘汰残弱病鸡；定期清洗饮水系统，加强饮水安全管理，有效预防大肠杆菌病。第四，加强传染性疾病的防控工作，比如禽流感、传染性支气管炎、新城疫等，并制定合理可行的免疫流程，及时为鸡群注射疫苗，确保良好的免疫水平。第五，种鸡蛋鸡场与孵化场也应做好运输车辆、种蛋及孵化器的消毒工作，在运输期间确保种蛋的清洁性，做好防护工作。第六，在鸡群免疫、转群和强应激时可添加植物提取物如单宁酸和多种维生素，提高鸡体抵抗力，可有效预防鸡大肠杆菌病。第七，可以在饲料中添加枯草芽孢杆菌和乳酸菌等益生素，也可在饮水中添加酸化剂，改善蛋鸡肠道健康，促进有

益菌群在肠道的定植。

②治疗：许多抗生素对大肠杆菌都具有敏感性，如氟苯尼考、恩诺沙星、磺胺对甲氧嘧啶、硫酸安普霉素、硫酸黏菌素、硫酸新霉素等。但由于近年来养殖人员滥用抗生素，以致大肠杆菌对抗生素产生了耐药性。因此应合理用药，并根据具体的药敏试验检测报告来选择抗生素和确定使用剂量，停用已经产生耐药性的药物，以免使用无效药物，降低治疗效果。

3. 鸡传染性鼻炎

鸡传染性鼻炎是由副鸡禽杆菌引起的一种急性上呼吸道传染病。此病主要感染鼻道，以流鼻涕、肿脸和甩头为主要症状，可造成育成鸡生长受阻和产蛋鸡产蛋率明显下降 10%~40%。

（1）病原

副鸡禽杆菌是巴氏杆菌科禽杆菌属的一种短小革兰阴性菌，无运动。24 小时培养物表现为（1.0~3.0）微米 ×（0.4~0.8）微米短杆菌或球杆菌，并有形成链状的趋向。强毒株可带有荚膜。该菌对培养条件要求苛刻，需在培养基中加入辅酶，有些菌株还需要加入鸡血清。血凝素被认为是决定副鸡禽杆菌免疫原性和致病性的关键抗原，而外膜蛋白 HMTp210 又是副鸡禽杆菌的主要血凝素抗原，在黏附宿主细胞和形成生物膜的过程中起关键作用。散在质粒也含有能够编码与毒力相关的基因，是副鸡禽杆菌所有血清型菌株共有的主要毒力因子。通过全细菌平板凝集试验可知副鸡禽杆菌有 A、B、C 3 个血清型，不同血清型之间没有交叉保护，其中 A 型又分为 A_1、A_2、A_3、A_4 亚型，C 型又分 C_1、C_2、C_3、C_4 亚型，不同亚型之间有部分交叉保护。我国目前以 A 型为主，也存在 B 型和 C 型。此菌的抵抗力较差，在鸡体外很快死亡，对热和普通消毒剂敏感。

（2）流行病学

此病主要发生在 10 周龄以后的育成鸡和产蛋鸡群，而雏鸡有一定的抵抗力，老龄鸡更容易感染，且症状更重。一年四季均可发生，寒冷的冬春季节发病较多。传播途径主要通过飞沫、粉尘经呼吸道传播和通过污染有病菌的饮水、饲料、器具等经消化道传播。

（3）临床症状

此病的潜伏期较短，传播速度也快，只要有鸡感染发病，经过 3~5 天就会扩散至全群。病鸡主要症状是采食减少，严重时完全停止，面部发生肿胀，频繁打喷嚏、流鼻涕、甩头等，鼻腔和鼻窦存在黏液性或者浆液性分泌物（图 6–38）；眼泪增多，眼眶四周组织也出现肿胀，严重时甚至导致失明；面部和肉髯的皮下发生水肿。随着病程的进展，病鸡的呼吸道炎症不断发展，开始出现张口呼吸（图 6–39），并伴有啰音；产蛋鸡患病后产蛋量明显降低，机体日渐消瘦，精神萎靡，喜卧不动，眼睛微闭。

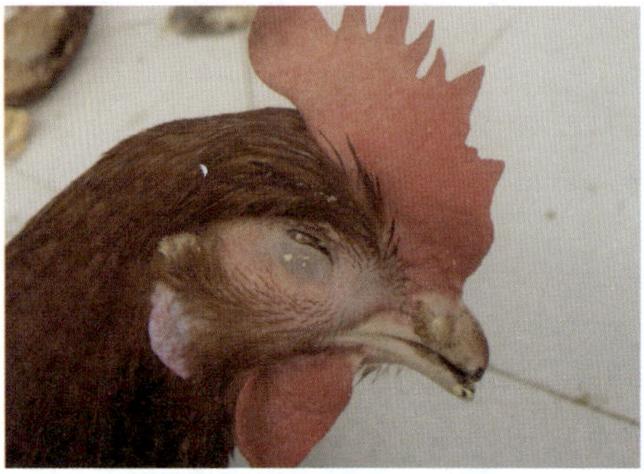

图 6–38　脸部肿胀、流鼻涕

图 6–39　病鸡张口呼吸

（4）病理变化

病理变化主要表现在上呼吸道和生殖系统，鼻腔和鼻窦黏膜出现急性卡他性炎症，鼻窦内有黏液性渗出物或黄色干酪样物（图 6–40），气管和支气管充血出血；产蛋鸡卵泡充血水肿，卵巢萎缩，输卵管内有干酪样黄色分泌物，病情严重时会发生卵黄性腹膜炎（图 6–41）。

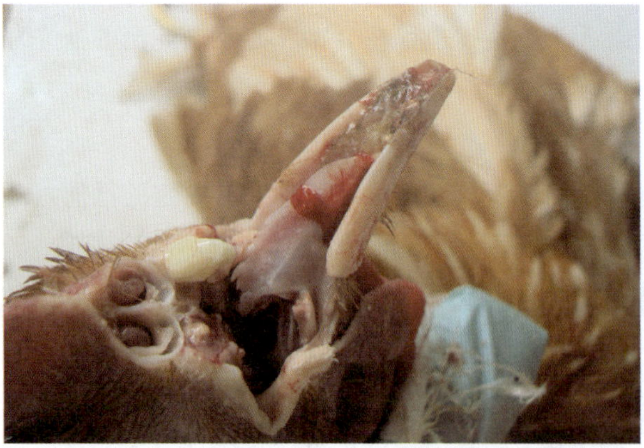

图 6–40　鼻窦内干酪样物

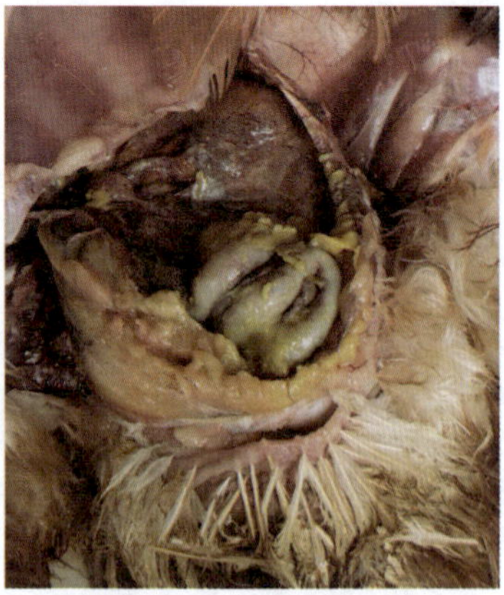

图 6–41　卵黄性腹膜炎

（5）诊断

①临床诊断：由于本病的部分临床症状和病理病变与鸡支原体病、鸡传染性支气管炎、鸡传染性喉气管炎、H_9 亚型禽流感有相同之处，所以在临床诊断上要加以区分。

②实验室诊断：

病料染色镜检：取眶下窦腔及里面的分泌物制成涂片，经过革兰染色、镜检，能够看到两极浓染的革兰阴性小杆菌，菌体两端钝圆，单个存在、成对或者呈短链排列。

细菌分离与培养：取眶下窦分泌物在琼脂平板上画线接种，采取烛缸法在37℃下进行24~48小时培养，挑取半透明、露滴样、灰白色的细小菌落再次在琼脂平板或者液体培养基上接种进行扩大培养或者纯化培养，会长出半透明的灰白色菌落，呈针尖大小，边缘整齐，放于45°斜射光源下照射具有特征性虹光。

V因子需求试验：取经过纯化培养的菌落在鸡肉汤琼脂培养基表面均匀涂布，并在平板中央放置浸有0.1%烟酰胺腺嘌呤二核苷酸（NAD）的滤纸片，采取烛缸法置于37℃下进行24小时培养。可见在V因子滤纸片的附近长出密集的大菌落，而距离滤纸片远的区域生长稀疏且小的菌落。

血凝试验：将分离病菌在鸡血清肉汤中接种，置于37℃下进行16~18小时培养，取培养液以8000转/分钟的速度进行30分钟离心，倒去上清液，加入pH值为7.2的磷酸盐缓冲溶液（PBS溶液），充分吹打后再次离心，按以上操作连续进行3次，添加PBS溶液制成10%的悬浮液，即为血凝抗原，与1%红细胞用于微量血凝试验，如果出现超过50%的凝集即判定为阳性，低于50%即判定为阴性。

血清平板凝集试验：取一干净的玻板，分别滴加3个血清型（A、B、C型）的标准血清，用量控制在0.05毫升，再分别滴加等量的分离细菌，还要设有各血清型的抗原对照及阴性对照。加样后使用牙签搅动，确保抗原和血清完全混合，如果在3~5分钟内出现凝集即可判为阳性，反之判为阴性。

聚合酶链反应试验：采用不同血清型副鸡禽杆菌的引物进行聚合酶链反应（PCR）检测，确定相应血清型。

（6）防治措施

①预防：加强鸡群管理工作，包括避免冷应激、减少鸡舍粉尘、保持鸡舍适

宜的湿度、定期对鸡舍内外进行消毒、保证饲料营养均衡、防止野鸟飞入鸡舍、制定并实施全面且合理的免疫程序，是鸡群防控传染性鼻炎的关键；加强疫苗的免疫工作，种鸡和产蛋鸡在42日龄和110日龄各免疫一次包含A、B、C 3种血清型的灭活疫苗，对预防此病具有一定效果；做好鸡场的卫生消毒措施及生物安全防范措施，防止病原传入，对病愈鸡要隔离饲养，鸡场做到全进全出，对空鸡舍进行彻底清理和消毒并空舍15天以上。

②治疗：治疗鸡传染性鼻炎的首选药物就是磺胺类，连续用药5~7天，要避免长时间和大剂量使用磺胺药，以免造成肝脏和肾脏的损伤。病鸡症状严重，采食减少或者完全停止，可采取注射药物的方式进行治疗。常用链霉素，成鸡每只用量为15万~20万IU；庆大霉素，每只用量为0.2万~0.3万IU，每天1剂，连续使用3天。产蛋鸡禁止使用抗生素，以免影响食品安全。

（四）常见病毒性疾病防控

蛋鸡常见的病毒性疾病有高致病性禽流感、鸡新城疫、鸡传染性法氏囊病、鸡传染性支气管炎、鸡传染性喉气管炎、鸡传染性脑脊髓炎、鸡病毒性关节炎、鸡坦布苏病毒病、鸡减蛋综合征、鸡马立克病等。

1. 高致病性禽流感（H_5、H_7）

高致病性禽流感又称欧洲鸡瘟，是由正黏病毒引起的一种急性、烈性传染病。在我国被列为一类传染病，包括H_5亚型和H_7亚型禽流感。

（1）病原

禽流感病毒为正黏病毒科A型流感病毒，病毒粒子呈球形，也可以观察到丝状。病毒粒子直径80~120纳米，丝状病毒粒子可达几百纳米。病毒粒子表面覆盖有两种类型的糖蛋白纤突（长10~14纳米，直径4~6纳米），即三聚体血凝素（HA）和蘑菇形四聚体神经氨酸酶（NA）。A型流感病毒根据表面糖蛋白HA和NA的血清学反应情况可进一步分为若干亚型。目前已鉴定的HA有16种（H_1~H_{16}）亚型，NA有9种（N_1~N_9）亚型。基于致病性（即致病的能力）将家禽的流感分为HP和LP两种致病型，HP有H_5和H_7亚型，LP为非H_5和非H_7亚型。根据临床死亡率、临床症状和病理变化，可以将流感病毒分为4个临床症候群：高致病力、中等致病力、低致病力、无致病力。A型禽流感病毒是囊膜病毒，因此对脂溶性试剂非常敏感，禽流感病毒没有超常的稳定性，因此病毒本身易灭活。阳光直射或紫外线照射易杀灭病毒，但在低温环境下病毒会存活较长时间。此外，病毒在鸡体组织、分泌物、粪便中也会存活较长时间。

（2）流行特点

禽流感传播主要是水平传播，易感的禽类和已感染的禽类发生一定的接触或与病毒直接接触时就会引起感染。家禽中发生的大部分流感感染主要是由禽源的流感病毒引起。此病一年四季都可发生，但冬春寒冷季节多发。人为的社会活动和飞鸟的迁徙直接影响此病毒的传播，如室内的活禽市场、活禽和禽蛋的跨境运输、飞鸟的迁徙等。

图 6–42　鸡冠发绀

（3）临床症状

禽流感病毒引起的疾病潜伏期长短不等，自然感染时为 3~14 天。潜伏期的长短与感染病毒的量、感染途径、饲养环境、被感染禽群的年龄及获得的免疫应答水平有关。主要表现为精神沉郁，羽毛凌乱，食欲下降，采食量减少，产蛋鸡产蛋量下降，病、死鸡冠发绀（图 6–42），鸡脚鳞片出血（图 6–43），严重时鸡脚肿大，面部水肿，咳嗽，打喷嚏，流泪，有腹泻或角膜炎症状。急性型可以在没有临床症状的情况下突然死亡。高致病性的病毒感染发病率和死亡率都很高，有些鸡群可达 100%。病毒在地面饲养

图 6–43　鸡脚鳞片出血

的鸡群中传播较快，出现临床症状后 3~5 天死亡率达到最大。在笼养产蛋鸡场，此病的发生往往从鸡舍的某一角落先开始出现鸡死亡，然后向周围扩散，10~15 天死亡率达到高峰。此外还表现拉黄白色稀粪，蛋鸡产蛋率下降，产软壳蛋和白壳蛋增加。鸡群死亡数量迅速增加，用药物治疗无明显效果。发病后期，个别病鸡出现歪头症状。有些 H_7 亚型禽流感的临床症状表现不典型，只表现咳嗽和零星死亡。

（4）病理变化

低致病性禽流感病毒：主要发生在呼吸道，尤其是鼻窦，典型特征是出现卡他性、纤维蛋白性、浆液纤维素性、黏脓性或纤维素性脓性的炎症。气管黏膜充血水肿，偶尔出血。气管渗出物从浆液性变为干酪样，偶尔发生通气闭塞，导致窒息。纤维素性脓性的炎症通常伴随细菌的继发感染，会导致纤维素性及脓性支气管炎。产蛋鸡的输卵管也有炎性分泌物，蛋壳上的钙沉积减少，导致蛋形畸形并且易碎，色素沉积少。卵巢衰退，输卵管水肿。

高致病性禽流感病毒：剖检内脏器官的病变随病毒毒株的不同而变化，共有的典型特征是浆膜和黏膜表面出血，内脏器官软组织出现坏死灶。心外膜、胸肌、腺胃和肌胃黏膜出血明显。小肠淋巴结出血坏死，肺脏出血和水肿，胰腺、脾脏和心脏坏死，产蛋鸡卵巢变性明显（图 6–44）。

图 6–44　腺胃乳头出血、卵巢变性

（5）诊断

病毒分离诊断：采集呼吸道和肠道组织、分泌物或排泄物进行病毒分离诊断。

聚合酶链反应试验：采集肝脏、肺脏、脾脏和卵巢等病料进行 PCR 诊断。

病毒分离：需在国家规定的三级实验室中进行，根据已有的文献方法进行分离和鉴定。

（6）防控措施

高致病性禽流感已被我国认定为一类传染病。依据我国相关法律规定，发生一类动物疫病应采取控制和扑杀措施。有效地控制禽流感的发生必须制定相应的措施：加强宣传教育和从业人员的培训；严格的生物安全防控措施；加强高致病性禽流感的监测和诊断；增强机体的抵抗力，降低宿主的易感性。

①加强管理：高致病性禽流感病毒的传入与笼具、设备、车辆、衣物和鞋等有关。必须采取严格的管理措施控制外来病毒的输入。若蛋鸡场的地理位置在飞鸟迁徙的路线上，可安装激光装置对飞鸟进行驱赶。

②做好疫苗免疫：禽流感疫苗的免疫已被我国政府列为强制免疫的范围。当前禽流感疫苗以 H_5+H_7 亚型的二价灭活疫苗为主。应在当地动物疫病预防控制中心计划指导下进行免疫，免疫程序可参考蛋鸡免疫程序（附录一），并做好免疫监测工作。

③加强生物安全防控措施：加强蛋鸡场内外的消毒、车辆进出管理、外出人员的隔离等生物安全措施，特别不能接触本场以外的禽蛋及鸡、鸭、鹅等禽类和禽类制品，严禁场内鸡、鸭、鹅、鸽子等禽类混养，还要注意加强野鸟的管理。

④发生高致病性禽流感时的处理措施：按照我国相关法律法规，蛋鸡场发生疑似高致病性亚型禽流感疫情时，应第一时间向当地兽医行政管理部门报告，并由当地政府发布疫点的封锁、扑杀、消毒等处理措施，同时对疫点周围 5 千米范围内所有家禽进行 H_5 和 H_7 亚型禽流感灭活疫苗的加强免疫。

2. 鸡新城疫

鸡新城疫又称亚洲鸡瘟。此病在我国已被列为一类传染病，是由新城疫病毒引起蛋鸡的一种急性、热性、败血性和高度接触性传染病。其主要临床症状是高热、呼吸困难、严重下痢、全身黏膜和浆膜出血，病程后期可出现神经症状。

（1）病原

新城疫病毒属副黏病毒科副黏病毒属的 I 型副黏病毒。病毒呈蝌蚪状或大小不规则的圆形，直径为 100~500 纳米，具有囊膜，囊膜上有两种纤突，即血凝素和神经氨酸酶，能凝集多种动物的红细胞。新城疫病毒能生长繁殖于发育鸡胚的绒毛尿囊膜和尿囊腔中。将病毒接种于鸡胚内，36~72 小时后鸡胚死亡，且胚体有严重出血，胚体和尿囊液内可以分离得到大量病毒。该病毒可在多种动物细胞培养基内生长，造成动物细胞的病变反应。新城疫病毒对环境的抵抗能力不强，但在阴暗潮湿或温度较低的环境中可以生存一段时间，在动物尸体和土壤中可以存活 1 个月，0℃下在组织和尿液中可存活一年以上。该病毒对热较为敏感，室温以上的温度病毒存活时间均比较短，乙醚、氯仿、日光直射、干燥等处理均能很快地将新城疫病毒杀灭。按照毒力的不同，其可分为强毒力型、中毒力型、弱毒力型 3 种。根据不同毒株感染后鸡只的临床症状，该病毒又可分为速发嗜内脏型、速发嗜神经型、中发型、缓发型及无症状肠型。

（2）流行特点

新城疫病毒可以感染多种家禽，如火鸡、鸽子、野鸡、鹌鹑、鸡等，其中以鸡最为易感，能感染各个品种、任何日龄的鸡，日龄越小的鸡越易感，成年鸡相对于雏鸡或育成鸡抵抗性稍强。此病的主要传染源是患病鸡、带毒鸡及鸟类，其眼泪、鼻涕、飞沫、痰液、粪尿等分泌物中均有大量病毒，气管、气管渗出物、气囊、脑、脾脏、肺脏、骨髓、睾丸、卵巢等组织器官中也有大量的病毒。感染后至出现症状前 24 小时会向环境排毒，直至症状消失一周后停止排毒，也有少部分患病鸡耐过后 2~3 个月仍能向环境排毒。鸡新城疫的主要传播途径是呼吸道和消化道，健康鸡只直接接触传染源或被病毒污染的饲料、饮水、用具等而感染此病，值得注意的是，鸡蛋、体外寄生虫、野鸟也可以携带此病毒，机械性地造成疾病传播。此病没有明显的季节性，一年四季均可发生，但春季和秋季发病率更高，可能是由于这一季节鸡只流动更为频繁，养殖场内新增鸡只的数量较多，易造成此病的发生和传播。

（3）临床症状

此病的潜伏期为 3~5 天，新城疫病毒株不同所引发的疾病类型和严重程度也各不相同。常根据其病程长短和临床表现将鸡新城疫分为 3 种类型，分别是最急性型、急性型和慢性型。

①最急性型：新城疫早期流行时多呈最急性型，育雏鸡感染时也呈最急性型。临床上病鸡表现为突然发病，死亡率高且无任何临床症状表现。

②急性型：急性型病鸡一般突然发病，并且快速传播，病程可持续 2~8 天，死亡率极高，可达 90% 以上。病鸡出现精神萎靡，采食量下降甚至废绝，体温可高达 44℃，肉髯和鸡冠发绀。同时，病鸡出现明显的呼吸症状，表现为咳嗽、张口呼吸、呼吸急促。病鸡排出深绿色的稀粪。蛋鸡突然产蛋量下降或停产，即使痊愈，产蛋量也很难恢复到原有水平。严重时病鸡可出现神经症状，一般呈角弓反张、头颈扭曲、腿麻痹甚至运动障碍等。

③慢性型：多发于成年鸡或抗体水平低的鸡群，死亡率较低。多数病鸡出现神经症状，一般表现为翅膀或腿麻痹，站立不稳或跛行，头颈扭转或向一侧倾斜。严重者出现全身性的抽搐，甚至转圈运动，数分钟后可恢复正常，病情通常持续2周左右后出现死亡。病鸡随年龄差异呈现出不同的临床症状，育雏鸡和育成鸡表现为呼吸道症状，呼吸急促且声音明显，有时呼吸困难，以拉稀和神经症状为主。成年鸡临床症状较轻，一般呈呼吸道症状和神经症状，产蛋鸡表现为产蛋量下降，软壳蛋和薄壳蛋增多，病鸡死亡较少。

（4）病理变化

①最急性型：病死鸡多表现为败血症变化。

②急性型：病死鸡全身黏膜浆膜出血，淋巴系统肿大、出血、坏死，口腔和嗉囊中有稀薄的透明黏液。腺胃乳头出血，胃壁肿胀，食管和腺胃连接处有出血点，腺胃与肌胃的交界处常有条状或不规则的出血斑或溃疡坏死，有时在肌胃肌层也有出血斑（图6–45）。肠道有广泛性卡他性炎症，小肠和大肠充血且出血明显。十二指肠段可见到枣状坏死溃疡灶，肠道壁浆膜层有黑色或红色的出血斑块（图6–46）。盲肠扁桃体肿大、出血、坏死（图6–47）。鼻腔和喉头中有混浊的黏液，鼻腔黏膜中有小型出血点或纤维素性坏死点。心血管充盈，心肌混浊肿胀。胆囊肿大，

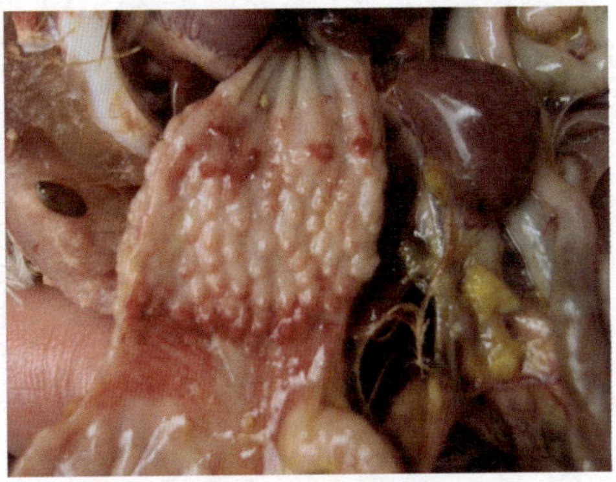

图6–45　腺胃与肌胃交界处出血

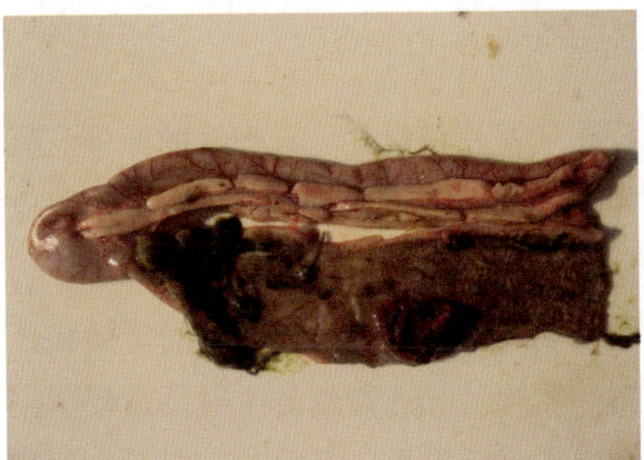

图6–46　十二指肠枣状坏死

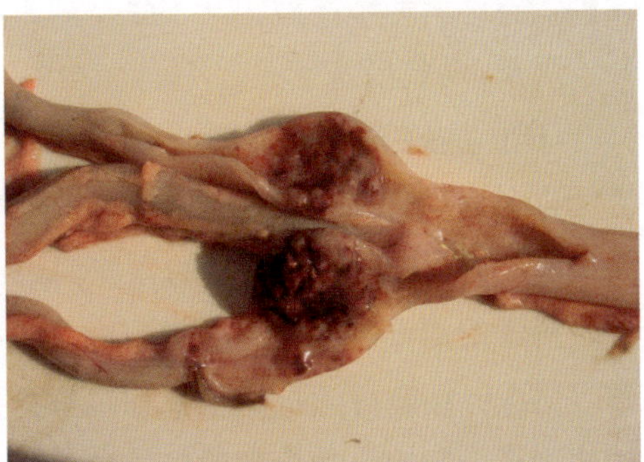

图6–47　盲肠扁桃体肿大出血

胆汁充盈，且呈墨绿色，输尿管内有白色尿酸盐结晶。

③慢性型：病理变化不明显，甚至无法通过肉眼进行病理判断。部分病鸡在患病期间易产生鸡白痢、鸡大肠杆菌病等症状，但是仔细观察可能有卡他性肠炎及神经系统的原发性细胞变性或坏死等病理变化。

（5）实验室诊断

①病毒分离鉴定：取病死鸡的呼吸道分泌物、脾脏、肺脏、脑等组织研磨处理后加入抗生素，经过 1 个小时左右制作成悬液，将经过处理的鸡胚放置在 37℃条件下进行培养，强毒株和中等毒力毒株会使鸡胚在很短的时间内死亡。经过分析可以发现，鸡胚的全身会出现很明显的病理性变化，尤其出现水肿和出血症状。此外，弱毒株的死亡率比较低，但也可能引起红细胞的变化，为此，不应该对可疑的病料轻易地下结论。

②血凝抑制试验：通过血凝抑制试验测定血清中鸡新城疫的抗体滴度，若抗体滴度明显增高也可诊断（图 6–48）。

图 6–48　血液凝集试验

③荧光抗体技术：取病死鸡的肺脏、肝脏、肾脏、脾脏等组织压片进行荧光抗体染色，在荧光显微镜下可见白细胞中的胞核和胞浆有明显的黄绿色荧光可确诊。

④聚合酶链反应试验：该诊断方法较敏感，目前已广泛应用于鸡新城疫的诊断。

（6）防控措施

①预防控制措施：在鸡新城疫防控过程中应坚持科学性、合理性的原则，科学消毒、合理管理、加强免疫。首先，加强日常的饲养管理，避免对蛋鸡造成应激反应。为蛋鸡群提供充足的营养饲料，不断提高鸡体的免疫力和抵抗力。其次，制定科学的消毒制度，定期对蛋鸡场进行消毒和清洁处理，避免病毒的传播和蔓延。再次，结合母源抗体水平和鸡群抵抗力的实际情况选择疫苗注射量及疫苗接种的途径，制定科学合理的疫苗免疫程序，保证疫苗效果。最后，定期对鸡群进行免疫抗体监测，结合免疫抗体的变化情况科学调整免疫程序，保证鸡群具有比

较高的抗体水平，同时为鸡提供良好的生长环境。

②发病时处理措施：当鸡群发生鸡新城疫时，结合临床症状和实验室诊断采取快速的确诊方式，为紧急免疫争取更多时间。首先，做好鸡场环境的消毒隔离并采取科学的措施处理病死鸡，进行深埋或无害化处理，同时封锁鸡场。其次，做好鸡群的紧急免疫措施。紧急免疫可采取鸡新城疫 L 系活疫苗按 5~8 倍量进行饮水或气雾免疫，免疫后 7~10 天产生免疫效果，在 7 天内可能会出现死亡率增加的情况。除此之外，还可以选择使用肌内注射鸡新城疫灭活疫苗进行紧急免疫，但免疫后 12~15 天才能产生较好的免疫效果。

3. 鸡传染性法氏囊病

传染性法氏囊病（IBD）是由传染性法氏囊病毒引起的雏鸡的一种急性、传染性病毒病，以法氏囊出血、肿大及不同程度的免疫抑制为主要特征。病鸡临床症状表现不一，3~6 周龄的鸡临床症状较为严重，3 周龄以下的鸡感染不会有明显的症状。法氏囊的损伤会导致蛋鸡免疫抑制。感染鸡的周龄越小，免疫抑制越严重，从而更易继发感染其他病原。

（1）病原

传染性法氏囊病毒属于双股 RNA 病毒科双股 RNA 病毒属，没有囊膜，直径大小为 55~65 纳米。该病毒有两个血清型，其中有致病性的为血清 I 型，共有 6 个亚型，亚型之间交叉保护较低。根据病毒毒力的强弱，可将病毒分为经典毒株、致弱的疫苗株、变异株和超强毒株，其中经典毒株、超强毒株的抗原性相似，变异株和经典毒株的抗原性不同。法氏囊病毒对环境的抵抗力很强，不仅可耐受低温，也可耐受高温。该病毒耐酸不耐碱，在 pH 为 2 的条件下仍可存活，但在 pH 为 12 的条件下可被杀死。传染性法氏囊病毒能抵抗多种环境因素及消毒剂，并且能在被污染的栏舍内存活数月，在水、饲料和粪便中可存活数周。

（2）流行特点

鸡是传染性法氏囊病毒的重要宿主。当母源抗体下降到 1 ∶ 8 时感染发病，最易感日龄为 3~6 周龄，2~15 周龄的鸡都可发病。此病一年四季均可发生，但以 5~8 月为发病的高峰期。染病鸡的粪便中含有大量的病毒，病鸡是主要的传染源。此病可通过接触带毒的饲料、水、垫料、灰尘、车辆、人员等直接传播，也可以通过带毒的老鼠、苍蝇、甲虫等间接传播。

（3）临床症状

此病的潜伏期很短（2~3 天），感染率 100%，发病率有时高达 75%，严重时死亡率达 65%。易感鸡群发病突然，呈一过性，典型的死亡曲线呈尖峰式。病鸡主要表现为体温升高、精神萎靡、食欲减退、翅膀下垂、羽毛逆立无光、拉白色黏稠或水样的稀粪，严重病鸡头耷拉、闭眼昏睡、脱水、鸡爪干枯、眼窝凹陷。许多病例为隐性感染，死亡率低，临床症状不典型，往往被忽略，但其产生的免疫抑制危害严重，造成饲料报酬率低，生长缓慢。

（4）病理变化

病死鸡尸体表现为脱水严重，胸部肌肉、腿部肌肉常见条状或刷状的出血（图 6–49），以及翅部皮下、心肌、肌胃浆膜下、肠黏膜、腺胃乳头、腺胃和肌胃的交界处出现大小不一、数量不等的出血点或出血斑。脾脏明显肿大，盲肠、扁桃体肿大，肾脏肿大，输卵管有白色尿酸盐沉积。典型的病变为法氏囊肿大 2~3 倍，囊壁增厚 3~4 倍，质地较硬，外形变圆，严重时呈紫黑色。切开后囊腔呈紫红色、水肿，囊腔的浆膜出现黄色的胶冻样（图 6–50）。变异的法氏囊病导致雏鸡 3 天内法氏囊严重萎缩，无肿大、出血等病变，但脾脏肿大明显。

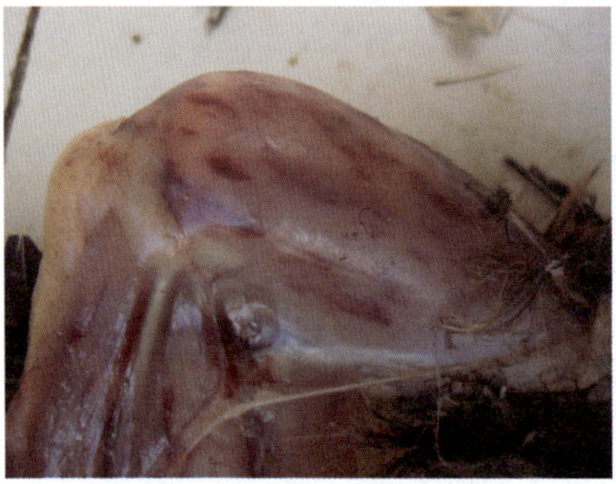

图 6–49　腿部内侧条状出血

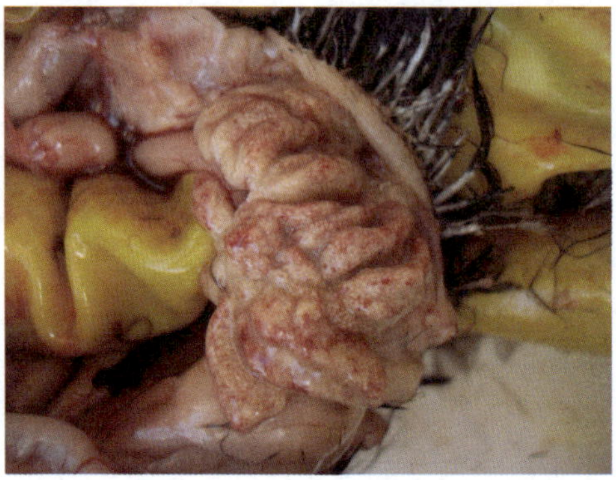

图 6–50　法氏囊肿大、出血

（5）诊断

①临床诊断：此病必须和新城疫、马立克病、鸡传染性支气管炎、白血病、鸡住白细胞虫病及大肠杆菌病相区分，但病死鸡的“一过性”死亡规律及特征性的病理变化可作为临床诊断的重要依据。

②实验室诊断：方法一为病毒分离培养。法氏囊病毒主要侵袭鸡的法氏囊，

病毒浓度在法氏囊中较高，因此要尽早分离典型病鸡的法氏囊，以感染后 4~6 天为好。取出病鸡法氏囊并捣碎，加入等量的 0.01 摩尔 / 升 PBS 缓冲液，混合均匀，再加入青霉素、链霉素反复冻融，然后离心 15 分钟（速度 4000 转 / 分钟），取上清液接种于 10~12 日龄的无特定病原体（SPF）鸡胚上。接种后的鸡胚，在 3~5 天内死亡，且胚胎出血、水肿。方法二为酶联免疫吸附试验（ELISA）。采用 ELISA 诊断法氏囊病，速度快、灵敏度高、重复性好，可用于定量检测法氏囊抗体。此方法应用方便，操作简单，能在 15 秒内做出准确的诊断，已经普遍推广应用。方法三为聚合酶链式反应（PCR）。随着生物学技术的发展，分子生物学也逐渐被应用到兽医诊断上，采用 PCR 诊断法氏囊病毒，特异性、敏感性更高，对超强毒株、变异毒株的特异性较强。除此之外，还有荧光抗体试验、病毒中和试验等。

（6）防控措施

①加强饲养管理：此病的流行和传播与鸡场的环境卫生有密切的关系。传染性法氏囊病毒对环境有高度的耐受性，一旦发病，病毒在鸡舍内就难以清除，所以蛋鸡场必须在做好疫苗免疫的同时，还要做好鸡舍内外的环境卫生。

②疫苗免疫：鸡传染性法氏囊病的疫苗有两大类，即活疫苗和灭活疫苗。蛋鸡一般免疫活疫苗，首免时间根据琼脂扩散试验（AGP）来确定。蛋鸡正常的首免时间为 11 日龄，采用活疫苗进行滴嘴或饮水免疫；二免在首免的后 3 周进行，商品蛋鸡一般免疫 2 次。种鸡一般免疫 3 次，第一、二免采用活疫苗滴嘴或饮水，第三免在开产前采用灭活疫苗注射免疫。

③治疗：传染性法氏囊病目前无特异性的治疗药物。当鸡群刚刚感染鸡传染性法氏囊病，采取高免血清或卵黄抗体进行治疗，具有很好的治疗效果。

4. 鸡传染性支气管炎

鸡传染性支气管炎是由传染性支气管炎病毒引起鸡的一种急性、高度接触性呼吸道传染病。各种日龄的鸡均可感染，幼鸡以喘气为主要症状，产蛋鸡出现蛋产量和品质下降。变异毒株引起的肾病和并发症，会导致死亡率上升。

（1）病原

鸡传染性支气管炎病毒属于冠状病毒科冠状病毒属的第三群，是有囊膜的单股正链 RNA 病毒，呈球形，直径 80~120 纳米，囊膜上有长 12~24 纳米、末端呈圆形的棒状纤突。鸡气管上皮细胞对鸡传染性支气管炎病毒易感性很高。鸡传染性支气管炎病毒毒株理化特性测定表明，该毒株稳定性存在一定差异。鸡传染性支气管炎病毒对乙醚、氯仿敏感，热稳定性因毒株的不同而异，不同毒株对 pH 稳定性也不同。该病毒具有两大生物学特征，其一为获得性血凝性，其二能干扰新城疫在鸡胚中的增殖。该病毒血清型众多，目前国内外报道已超过 60 个血清型，通常利用气管环、鸡胚、输卵管环和肾细胞等通过体外中和试验来进行病毒的血清型测定。

（2）流行病学

此病的主要传染源是病鸡和康复后的带毒鸡。病鸡主要通过呼吸道和消化道排毒，病毒通过空气中的飞沫或尘埃传播，也可通过被污染的饲料、饮水和器具等媒介经消化道传播，还可通过种蛋垂直传播。此病对不同年龄和品种的鸡群都可感染，以育雏鸡和产蛋鸡最易感，特别是 30~40 日龄的雏鸡发病最为严重、死亡率高。此病传播迅速，一旦感染，很快传播全群，一年四季均可发病，以冬春季节多发。

（3）临床症状

鸡传染性支气管炎的主要表现型有呼吸道型、腺胃型、肾型及生殖道型等。

扫码看视频

①呼吸道型：常见于 40 日龄以内的雏鸡，病鸡表现为精神萎靡，缩头，闭眼瞌睡，双翅下垂，羽毛松乱无光，畏冷扎堆，张口呼吸（图 6–51），咳嗽，打喷嚏，伴随呼吸发出啰音，流鼻涕，流泪，个别鸡脸部肿胀。产蛋鸡除有呼吸道症状外，开产推迟和产蛋下降，产蛋下降 25%~50%，伴随薄壳蛋、蛋壳颜色偏白、畸形蛋增多，蛋清稀薄如水（图 6–52），易与蛋黄分离；种蛋孵化率降低，产蛋率难以恢复到正常水平。10~14 日龄感染则造成较多的假母鸡。

图 6–51　雏鸡张口呼吸

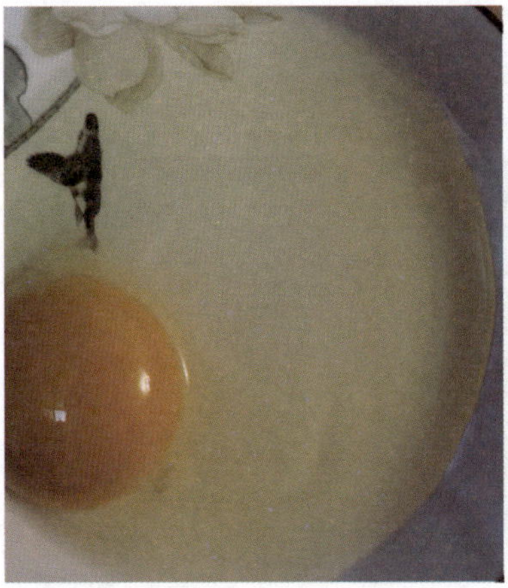

图 6-52 蛋清如水样

图 6-53 拉黄绿色的水样稀粪

②腺胃型：多发于 30~80 日龄的雏鸡。病死率一般为 20%~30%，主要和鸡场的饲养管理水平有关。病鸡采食量严重下降，闭眼嗜睡，前期有黏稠的鼻涕、流泪、甩头、咳嗽等呼吸道症状，中后期病鸡消瘦，拉黄绿色或白色稀薄粪便（图 6-53），最后食欲废绝，衰竭死亡。

③肾型：15~30 日龄的雏鸡多发，发病率、死亡率高达 30% 以上，致死率通常会随着病鸡日龄、饲养管理条件及毒株毒力程度而有所变化。病鸡主要表现为精神沉郁，颈缩翅垂，羽毛松乱，畏冷，采食量下降甚至食欲废绝，饮水量增多，拉黄白色或黄绿色的稀粪，肛门四周的羽毛被粪便污染。随着日龄的增长，个别病鸡因痛风引起瘫痪。

图 6-54 拉水样粪便

④生殖道型：主要发生于产蛋鸡和种鸡。病鸡表现为精神萎靡，以呼噜症状为主，伴随张口喘气、咳嗽、气管啰音，有的肿眼流泪，一般持续 5~7 天；发病中后期，采食量下降，粪便变软或拉水样粪便（图 6-54）。开产鸡发病，严重影响产蛋，产蛋率徘徊不前或上升缓慢。产蛋高峰期发病，沙壳蛋增多，蛋壳变薄、

软蛋增多，颜色变浅，产蛋率下降，且难以恢复到正常的产蛋水平（图 6–55、图 6–56）。种鸡感染此病，受精率明显下降，死雏数明显增加。

图 6–55　产软蛋

图 6–56　产沙壳蛋

（4）病理变化

①呼吸道型：病死鸡的鼻腔、鼻窦有浓稠的黏液，以气管和支气管内出现卡他性和干酪样阻塞物为特征。气囊混浊有黄色干酪样渗出物。气管充血、出血，内有黄白色的黏液；严重时气管下 1/3 处和支气管内有干酪样物堵塞，肺脏水肿或出血（图 6–57）。产蛋鸡输卵管发育不良，卵泡充血、出血，腹膜混浊，最终导致卵黄性腹膜炎，产蛋停止，并出现零星死亡。

②腺胃型：病死鸡体形消瘦，肾脏肿大，苍白。气管充血或出血。腺胃肿大如乒乓球状，胃壁增厚（图 6–58），腺胃黏膜出血或溃疡，腺胃乳头肿胀或乳头消失。

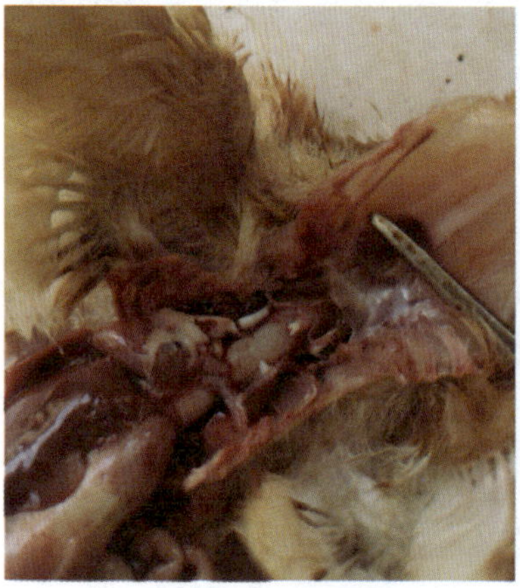

图 6–57　支气管堵塞

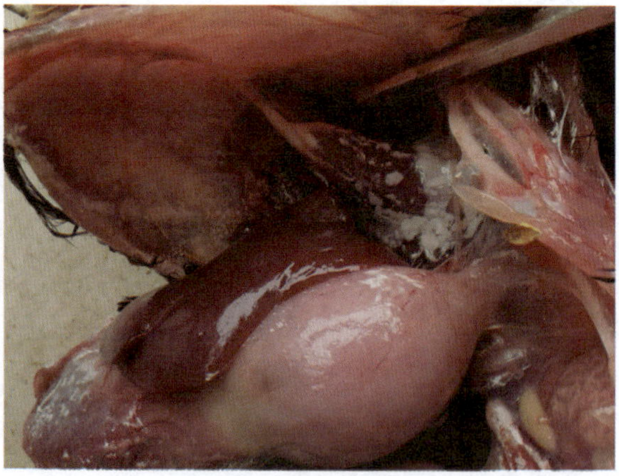

图 6–58　腺胃肿大

③肾型：病死鸡严重脱水，肌肉发绀。肾脏苍白、肿大，肾小管和输尿管形成尿酸盐结晶，严重时心脏、肝脏表面及泄殖腔等有大量尿酸盐沉积（图6–59）。

④生殖道型：输卵管红肿或形成积液（图6–60），卵泡充血、出血、变性，卵黄破裂掉入腹腔后形成干酪样物，最终因卵黄性腹膜炎并发大肠杆菌病而死。

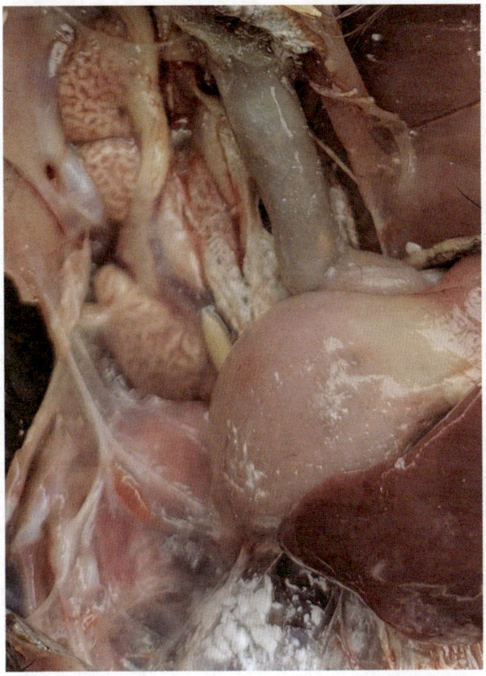

图6–59　肾脏肿大、大量尿酸盐沉积

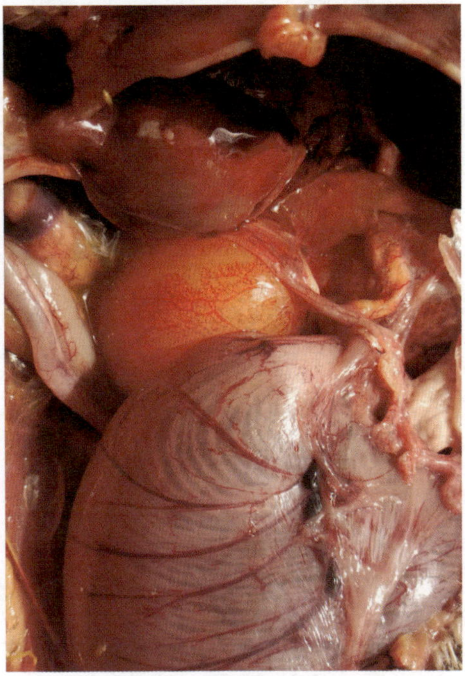

图6–60　输卵管积液

（5）诊断

①临床诊断：通常会根据鸡传染性支气管炎的流行性特点、临床症状及病理变化，对发病鸡群进行初步诊断，再通过实验室检测对诊断结果进行确诊。

②实验室诊断：方法一为血清中和试验（VN）、ELISA及改良的血凝抑制试验（HI），主要对于急性发病和康复期病鸡的血清可以有效地验证特异性免疫反应。方法二为确定病毒亚型，利用中和实验、血凝抑制实验、单克隆抗体和RT–PCR及测序。方法三为鸡胚接毒，该方法耗时长，一般不用于临床诊断。方法四为利用荧光抗体技术和电镜检测气管样品快速诊断出鸡群是否感染传染性支气管炎，但不能确定血清型。

（6）防治措施

①加强饲养管理：保证鸡苗的健康，避免带毒的鸡苗进场。在冬春季注意保温，夏季注意防暑。对鸡舍进行严格消毒，做好通风管理，确保鸡舍内干净卫生。根据实际情况，合理控制鸡群的密度。保证饲料的营养全面，根据不同日龄鸡的发育特点，合理搭配维生素和微量元素，确保其正常生长和生理需求。

②疫苗预防：预防鸡传染性支气管炎的疫苗有活疫苗（H_{120}、H_{52}及28/86株、4/91株、Mass株等）和灭活疫苗2大类。根据当地流行的病毒类型选用相同血清型的疫苗进行免疫，才能取得有效的保护。

③治疗：对鸡传染性支气管炎目前尚无有效的治疗方法，只有通过广谱抗菌药控制并发症的产生。

5. 鸡传染性喉气管炎

鸡传染性喉气管炎是由传染性喉气管炎病毒引起鸡的一种急性、接触性呼吸道传染病，能引发鸡产蛋能力下降和死亡，以气管炎、鼻炎、结膜炎为主要症状，严重时呼吸困难、咳痰，有时咳出带血分泌物。

（1）病原

鸡传染性喉气管炎病毒属于疱疹病毒科A型疱疹病毒亚科传染性喉气管炎病毒属。病毒基因组为双股线性DNA。病毒颗粒呈球形，二十面体对称，核衣壳由162个壳粒组成，在细胞核内呈散在或结晶状排列。成熟的病毒粒子直径为195~250纳米，有囊膜，囊膜表面有纤突。该病毒只有一个血清型，不同毒株的致病性差异悬殊。由于病毒株毒力的差异，各毒株对鸡的致病力不同，强毒株可引起鸡群高致病率和死亡率。研究发现弱毒株难以被特异性血清中和，这可能是病毒发生了类似于流感病毒的抗原漂移现象。病毒对氯仿或乙酸敏感，对高温敏感，但在低温条件下可长期存活。

（2）流行特点

本病毒在自然条件下主要侵害鸡，不同日龄的蛋鸡均易感，以40日龄的鸡群多发，以成年鸡的临床症状最为典型。产蛋高峰期的鸡最易感染，可导致产蛋率下降，鸡群康复后需1个月方可恢复发病前产蛋率的80%左右。病鸡和带毒鸡是主要传染源。传播途径主要是呼吸道。病毒存在于气管和上呼吸道分泌液中，由咳出的血液和黏液经上呼吸道传播，感染后排毒6~8天。约2%康复鸡可带毒，时间可长达 2 年。病毒污染的垫料、饲料和饮水，会成为传播媒介。饲养管理不当及生物安全管理不到位是此病发生的主要原因。

（3）临床症状

根据临床症状表现，此病可分为喉气管炎型和眼型。雏鸡发病多表现为眼型。

①喉气管炎型：病鸡主要表现为精神沉郁，食欲下降，呼吸困难，流涕，甩头，有湿啰音，脸部肿大，鼻孔有分泌物（图 6–61）。在鸡笼、食槽、墙壁上可见血样分泌物。病鸡鸡冠、肉髯紫红色，拉黄绿色粪便。病死鸡口腔、喉头内有干酪样分泌物，严重时喉头阻塞。产蛋鸡产蛋率下降，畸形蛋增多，薄壳蛋、沙壳蛋增多，蛋壳变薄、颜色变浅（图 6–62）。此病的发病率可达 60%~100%，死亡率 5%~20%。

②眼型：雏鸡和重复感染的鸡常见眼型。主要表现为流鼻涕，眼睑红肿，有泡沫样分泌物，眼内有浆液性或脓性分泌物，上下眼睑粘连。部分鸡眼睑内有黄白色干酪样分泌物，严重时可导致眼盲（图 6–63）。

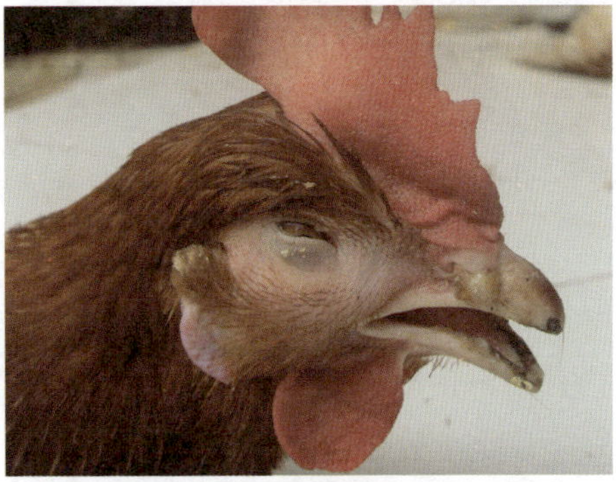

图 6–61　脸部肿胀、流鼻涕

图 6–62　蛋壳变薄、颜色变浅

图 6–63　雏鸡出现眼盲

（4）病理变化

此病主要病理变化发生在喉头和气管，急性死亡鸡的喉头、气管黏膜充血，气管腔内有黏稠带血的黏液或柱状黄色干酪样分泌物，病情严重的鸡喉头常有黄色干酪样分泌物堵塞，造成病鸡窒息死亡（图 6–64）。严重时炎症可波及支气管、肺和气囊等部位，甚至感染鼻腔和眶下窦。部分产蛋鸡的卵巢、卵泡出血。

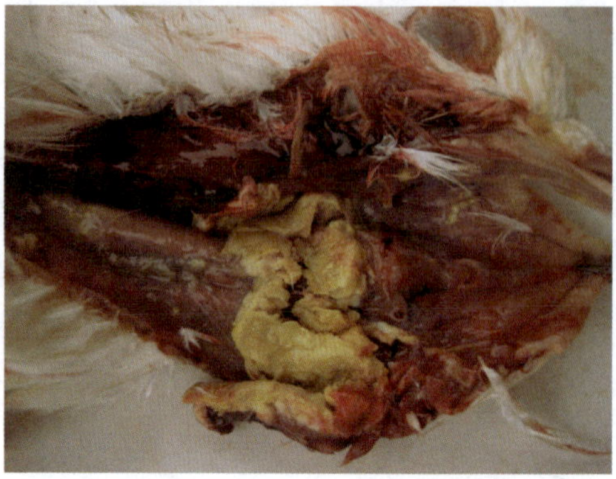

图 6–64　喉头有黄色干酪样物堵塞

（5）诊断

①临床诊断：此病可根据临床观察到的病鸡呼吸困难，咳嗽时咳出带血的黏液，气管呈卡他性或出血性炎症等进行初步诊断。但此病与传染性支气管炎、支原体病、传染性鼻炎、禽流感 H_9、鸡新城疫、白喉型鸡痘和禽腺病毒等在临床症状有许多相似之处，容易引发误诊，产生更大的经济损失。因此通过实验室检测来确诊是十分必要的。

②实验室检测：主要方法有包涵体检测、病毒分离鉴定、血清学检测和分子生物学检测等。方法一为包涵体检测，对呼吸道和结膜上皮细胞内形成的核内包涵体采用姬姆萨或苏木素—伊红染色。该方法高度特异，但敏感性较低。方法二为病毒分离鉴定，病料接种鸡胚，观察鸡胚绒毛尿囊膜的变化。鸡胚培养分离到的病毒可进行感染细胞或接种动物试验。方法三为血清学检测，包括琼脂免疫扩散、病毒中和试验、间接免疫荧光技术和酶联免疫吸附试验等。这些方法敏感性高，特异性强，检测结果准确可靠。方法四为分子生物学检测，包括 PCR、DNA 杂交、实时荧光定量 PCR 等方法。这些方法更为敏感，还可检测被其他病原污染的样品。

（6）防治措施

①预防措施：加强生物安全体系管理，严格的隔离、消毒等措施是防止该病流行的有效方法。发病时禁止可能被病毒污染的人员、饲料、设备和鸡只的移动是成功控制该病的关键。消毒剂应选用高效的有机氯、有机碘和碱类、酸类消毒剂。同时应加强饲养管理，做好鸡舍增湿除尘、通风换气，降低鸡舍内氨气的浓度。

②疫苗免疫：接种疫苗是控制疫情扩大和蔓延的有效措施。目前有几种疫苗

可用于免疫接种：第一种弱毒疫苗，通过点眼、滴鼻免疫，但毒力较强，会引起不同的反应，甚至成批死亡，应严格按照说明书选择接种途径和接种量。第二种强毒苗，可涂擦于泄殖腔黏膜，4~5 天后黏膜出现水肿和出血性炎症，表示接种有效。但排毒的危险性很大，一般只用于发病鸡场。第三种灭活疫苗，免疫效果均不理想。

6. 鸡传染性脑脊髓炎

鸡传染性脑脊髓炎又称流行性震颤，是一种主要侵害家禽中枢神经系统的病毒性传染病，其主要危害雏鸡，临床症状为雏鸡共济失调、瘫痪、站立不稳和头颈震颤。成年母鸡感染后出现一过性产蛋下降。感染蛋种鸡所产的种蛋孵化率降低，并通过种蛋垂直传播，危害性极大。

（1）病原

鸡传染性脑脊髓炎病毒（AEV）属于细小核糖核酸病毒科肠道病毒属。病毒粒子具有六边形轮廓，无囊膜，病毒直径有 26.1 ± 0.4 纳米。该病毒无囊膜和核心，对氯仿、乙醚、酸、胰酶、胃蛋白酶及脱氮核糖核酸酶有抵抗力。所有 AEV 的不同分离株属同一血清型，但各毒株的致病性和对组织的亲嗜性不同，因此其可分为两种不同的致病型：一种是嗜肠道型，以自然野毒为代表，该型毒株易通过口服途径感染，并在粪便中排毒传播，通过垂直传播或出壳后早期水平传播容易使雏鸡发病，一般表现为神经症状。另一种是嗜神经型，由禽脑脊髓炎病毒鸡胚适应株构成，口服一般不感染，除非很大剂量。

（2）流行病学

此病一年四季均可发生，发病率及死亡率与鸡群的日龄和病原的毒力高低有关，雏鸡发病率和死亡率相对高于成年鸡。此病可通过水平传播，也能垂直传播。水平传播也称消化道传播，感染鸡通过粪便排出病毒，病毒在环境中有较强的抵抗力，易感鸡接触到被污染的饲料、饮水、用具等而被感染。垂直传播是感染病毒的产蛋鸡所产的蛋带有病毒，一些严重感染的胚蛋在孵化后期死亡，种蛋内的母源抗体可保护雏鸡顺利出壳，出壳的雏鸡在 1~20 日龄之间将陆续出现典型的禽脑脊髓炎临床症状。

（3）临床症状

①雏鸡：病雏鸡表现行动迟钝，精神沉郁，不愿走动，常以跗关节着地，继

而出现共济失调，走路蹒跚，步态不稳，驱赶时勉强用跗关节走路并拍动翅膀（图6–65）。部分病鸡趾关节卷曲，运动障碍，羽毛松乱，发育受阻，平均体重明显低于正常水平。少数康复鸡出现一侧或两侧眼球的晶状体混浊，瞳孔反射消失（图6–66）。

图 6–65　雏鸡出现脑震颤症状

图 6–66　眼球晶状体混浊

②产蛋鸡：采食量、饮水量、死亡率基本不变；蛋重减少，畸形蛋增多，蛋壳颜色、蛋壳质量基本正常。产蛋鸡感染后产蛋量下降 15%~45%，1~2 周后恢复正常。种鸡发生此病，孵化率可下降 10%~35%，危害极大。

（4）病理变化

①剖检变化：内脏器官病变不明显，个别病例能见到脑膜血管充血、出血。偶尔可见病雏肌胃的肌层有散在的灰白区。成年鸡发病无上述病变，有时可见卵泡萎缩变性。

②组织学病变：中枢神经主要显示病毒性脑炎的病变，如神经元变性，胶质细胞增生和血管套现象。内脏器官的病变表现为淋巴细胞灶性增生，在腺胃黏膜和肌层、胰腺、肌胃、肾等器官切片中均有发现。

（5）诊断鉴别

①临床初检：根据雏鸡出壳后陆续出现瘫痪、早期食欲尚好、剖检无明显的特征性肉眼变化，追踪到其种鸡有短暂的产蛋率下降，且某段时间内孵出的多批小鸡需分发到不同地方饲养，但均出现麻痹、震颤和死亡等情况，结合组织病理学特征性变化，即可作出初步的诊断。确诊应进行实验室诊断。

②实验室确诊：根据不同发病日龄和实验室条件，选择不同的方法进行实验室确诊。方法一为病毒分离鉴定，方法二为病毒中和试验（VN），方法三为鸡胚敏感试验，方法四为琼脂扩散凝集试验（AGP），方法五为酶联免疫吸附试验（ELISA）。

（6）防控措施

①加强消毒与隔离措施，防止从染疫的种禽场引进种苗和种蛋。种鸡感染后1个月内的种蛋不宜孵化。

②目前用于禽脑脊髓炎疫苗有两类。第一类禽脑脊髓炎冻干疫苗，用于10周龄以上的鸡，作种母鸡可在10~12周龄时和产蛋前3周各接种1次。接种后14天，产生免疫力，免疫期为6个月。第二类禽脑脊髓炎油乳剂灭活苗，用于种鸡群，使后代雏鸡获得母源抗体。常用于10周龄及18~19周龄种鸡。接种后9~14天产生免疫力，免疫期可持续9个月。

③紧急治疗。全群还可用抗禽脑脊髓炎的卵黄抗体作肌内注射，每只雏鸡注射0.5~1.0毫升，每日1次，连用2天。

7. 鸡病毒性关节炎

鸡病毒性关节炎是由禽呼肠孤病毒引起的以侵害关节滑膜、腱鞘和心肌，引起足部关节肿大、腱鞘发炎，继而使肌腱断裂的一种慢性传染病。

（1）病原

鸡病毒性关节炎的病原为禽呼肠孤病毒，该病毒属于呼肠孤病毒科正呼肠孤病毒属。病毒粒子无囊膜，呈二十面体对称排列，直径约为75纳米，基因组由10个节段的双链RNA构成。禽呼肠孤病毒对热有一定的抵抗能力，对乙醚不敏感。

（2）流行病学

此病多发于4~7周龄鸡。病鸡跛行，跗关节肿大，鸡群中有部分鸡发育迟缓、鸡爪卷缩、羽毛零乱等，心肌纤维间有异噬细胞浸润。病毒在鸡中有两种传播方式，即水平传播和垂直传播。水平传播的病毒主要通过被污染的饲料和饮水经消化道进行传播。病毒感染鸡后，首先在呼吸道和消化道复制，然后进入血液，24~48小时后出现病毒血症，随后即向体内各组织器官扩散，但以关节腱鞘及消化道的含毒量最高。垂直传播主要是通过种蛋传播。

（3）临床症状

此病常常以隐性或慢性感染，在急性感染的情况下，病鸡主要表现跛行，部分鸡生长受阻。慢性感染期的跛行更加严重，少数病鸡跗关节不能活动（图6-67）。病鸡食欲下降，行动迟钝，不愿走动，以跗关节支撑躯体，驱赶时跛行或单脚跳跃，步态不稳。病鸡因行动迟缓导致得不到足够的水分和饲料而日渐消瘦、发育迟滞，少数逐渐衰竭而死。检查病鸡可见单侧或双侧跗关节肿大（图6-68）。种鸡群或蛋鸡群感染此病毒后，产蛋量明显下降。病种鸡因运动功能障碍而影响正常的交配，导致种蛋受精率下降。

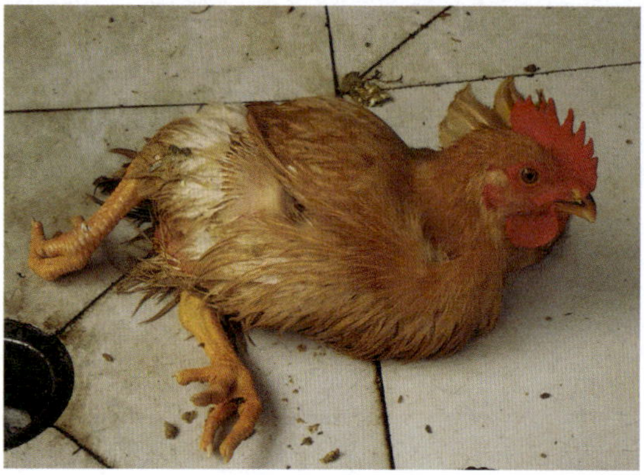

图 6-67　病鸡跛行

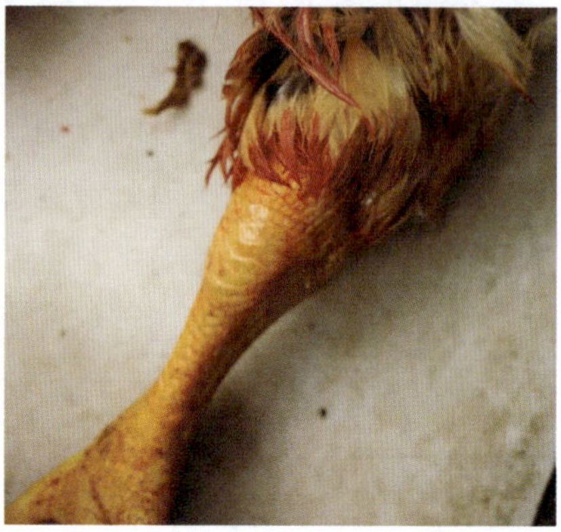

图 6-68　关节肿大

（4）病理变化

病死鸡剖检出现跗关节红肿，切开肿大关节可见腓肠腱水肿，关节腔内含有淡黄色或血样渗出物，少数呈脓性分泌物（图6-69）。慢性感染的部分病鸡可见周围组织与骨膜脱离，成鸡易发生腓肠腱断裂，关节腔内渗出物较少，腱鞘硬化和粘连关节表面纤维软骨膜过度增生。个别病死鸡还可见到心外膜炎，肝、脾和心肌上有细小的坏死灶。

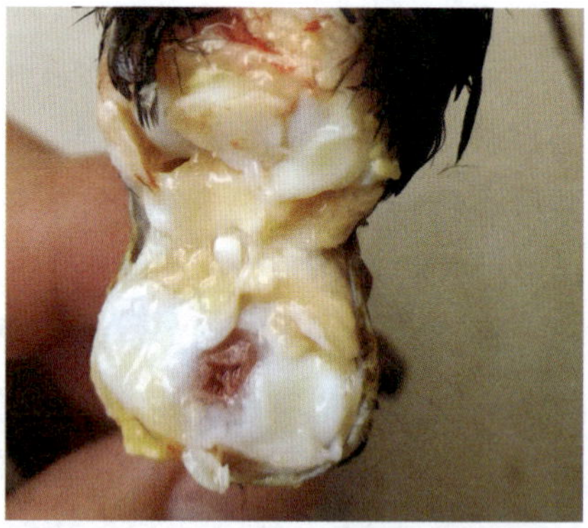

图 6-69　关节腔内有脓性分泌物

（5）诊断

①临床诊断：初期诊断较为困难，关节肿胀与滑膜支原体病、沙门菌病、大肠杆菌病和葡萄球菌病等引起的症状相似度高，难以区分，需通过实验室确诊。

②实验室确诊：方法一为病毒分离鉴定。分离到病毒之后，可通过病毒理化

特性测定、电镜观察、病毒核酸电泳、血清学试验及动物敏感性试验等进行鉴定。方法二为酶联免疫吸附试验（ELISA），应用ELISA双抗体夹心法可以检测此病毒。该法具有较高的特异性和敏感性。方法三为荧光抗体法（FA）。FA是检测鸡呼肠孤病毒一个比较有效、快速、特异的方法。方法四为反转录—聚合酶链式反应（RT-PCR）。RT-PCR可以作为快速诊断鸡呼肠孤病毒的一种手段。该方法具有快速、灵敏的优点，可以在病毒感染早期检测出来。方法五为血清学检测。血清学检测的方法有很多，除了常用的琼脂扩散试验（AGP）、酶联免疫吸附试验（ELISA）外，还有间接荧光抗体方法（IFA）和中和试验（VN）等。

（6）防控措施

①加强鸡舍的卫生管理及定期消毒：采用全进全出的饲养方式，对鸡舍彻底清洗，并用3%烧碱溶液对鸡舍消毒，可以防止由上批感染鸡引起的病毒感染。

②疫苗免疫：目前，鸡病毒性关节炎的疫苗主要有活疫苗和灭活疫苗两种。种鸡开产前2~3周使用灭活疫苗肌内注射；雏鸡出壳2周龄接种弱毒活疫苗可以有效地产生主动免疫，一般采用皮下接种。将活疫苗与灭活疫苗结合免疫种鸡群，可以达到良好的免疫效果。

8. 鸡坦布苏病毒病

（1）病原

该病原分类上属于黄病毒科黄病毒属坦布苏病毒亚种，称之为禽坦布苏病毒。病毒呈球形，正二十面体对称，双层衣壳，有囊膜，直径为40~50纳米。

（2）流行病学

该病毒可以感染多种陆禽和水禽（鸡、鸭、鹅、野禽），对鸭的危害最大，麻鸭最易感，造成家禽养殖业巨大经济损失，严重威胁养禽业的健康发展。该病无明显季节性，冬春季节、梅雨天气能加重此病，饲养条件粗放、恶劣的养殖环境病死率更高。禽坦布苏病毒最早是在1950年从马来西亚的蚊虫中分离，家禽是禽坦布苏病毒的主要宿主，养殖场周边的野鸟、蚊子也是禽坦布苏病毒的宿主，也能导致野鸟死亡。KonoY在2000年首次报道了禽坦布苏病毒感染导致肉鸡爆发脑炎和生长障碍的疾病。2009年以来，该病开始在我国部分蛋鸡群中流行；2010年以来，在我国多个省市蛋（种）鸭、鹅中暴发流行；2012年以后，该病传染至马来西亚、泰国等东南亚国家。

该病发病率高、死亡率低、传播迅速，可在 1 周内传遍整个养殖场。主要侵害成年蛋（种）鸡的生殖系统，造成卵巢炎并导致产蛋率下降或废绝，幼年家禽感染后死亡率比成年家禽的死亡率高，主要导致急性死亡和神经症状；发病耐过家禽抗体普遍呈阳性。患病场工作人员禽坦布苏病毒抗体呈阳性反应，且能从人呼吸道棉拭子中检测到阳性核酸，由此推测该病毒可能对人存在潜在威胁，具有潜在的公共卫生安全风险。

（3）临床症状

临床上多见产蛋高峰区的蛋（种）禽不明原因的产蛋率下降，从产蛋高峰急速下降至 10%~30%，严重时甚至停产，采食下降明显甚至废绝，体温升高、拉绿色稀粪；发病后期出现腿和翅膀麻痹、共济失调等神经症状，发病率高达 100%，如果没有继发感染，死亡率低（0~10%）。开产蛋鸡发病后的临床症状与蛋鸭类似，但是发病率和危害程度低于蛋鸭，蛋鸡可见软壳蛋或畸形蛋，蛋壳破裂、蛋黄散落地面（图 6-70 至图 6-73）。部分患病场蛋禽产蛋下降后经 20~30 天，采食和产蛋又能逐渐恢复。公鸭感染后表现为睾丸出血、萎缩，精子质量下降、受精率低。雏禽感染后主要表现为精神沉郁、体温升高、采食下降、生长迟缓、软脚、翅膀麻痹、共济失调（图 6-74）、急性死亡等症状，其死亡率比成年家禽高。

图 6-70　产畸形蛋，蛋变小

图 6-71　蛋鸡产软壳蛋

图 6-72　蛋壳易破裂

图 6–73　软壳蛋，蛋黄、蛋壳掉到地面

图 6–74　病鸡翅膀、腿部麻痹

（4）病理变化

蛋鸡感染此病毒后引起实质器官的病理损伤，主要可见肝脏肿大、淤血，脾脏肿大如斑驳状（图 6–75）；卵泡出血（图 6–76）、变型、萎缩、坏死，卵泡破裂堵塞输卵管；输卵管有白酪样渗出物，造成卵黄性腹膜炎（图 6–77）；脑壳出血、充血、水肿、有散在的出血点（图 6–78）。

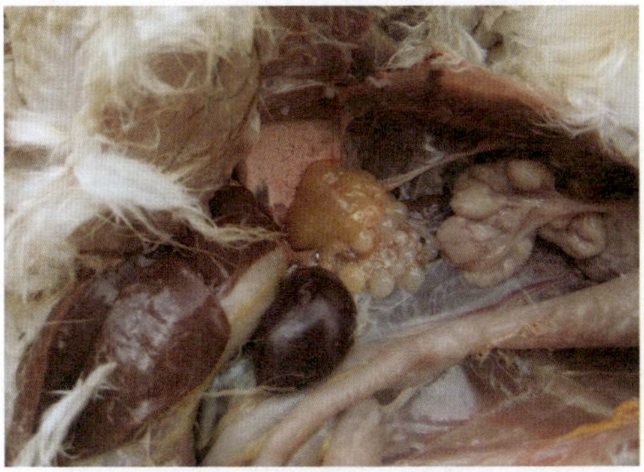

图 6–75　脾脏肿大呈斑驳状

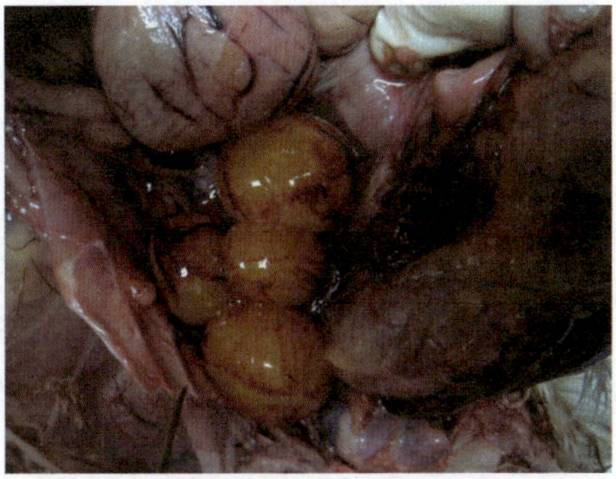

图 6–76　卵泡出血

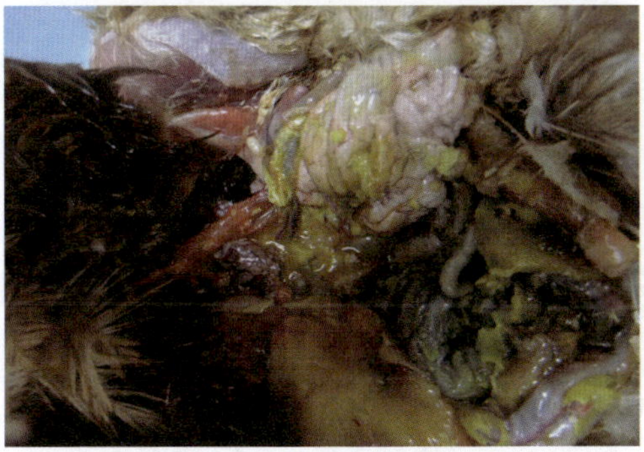

图 6–77　卵黄性腹膜炎

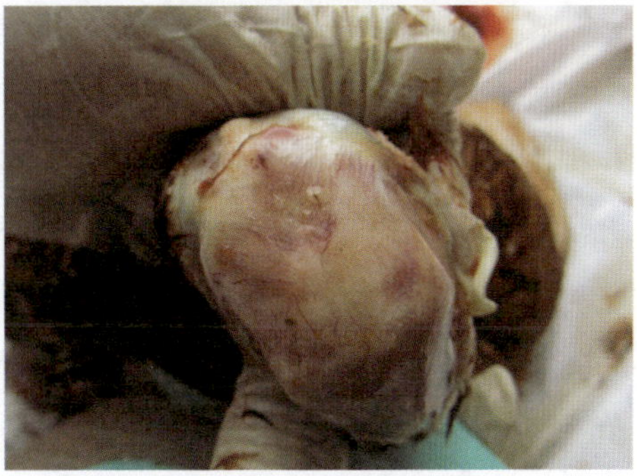

图 6–78　脑壳出血

病理组织学观察，主要可见肝实质严重变性、坏死，大量炎性细胞浸润；脾淋巴细胞减少、脾脏出血，部分脾细胞变性、坏死；肾小管上皮细胞肿胀；肺淤血，内有大量细胞渗出；脑膜充血、脑膜上炎性细胞浸润、脑神经细胞核肿胀，体积增大，呈空泡状；卵泡严重出血、大量淋巴细胞浸润等。

（5）诊断

根据成年蛋鸡体温升高，采食、产蛋急剧下降，剖检脾脏肿大，卵泡出血、变形、破裂等临床特征可以作出初步诊断。但临床上易与产蛋下降综合征、鸡新城疫、禽流感等相混淆，需要实验室进一步确诊。

实验室确诊包括病毒分离鉴定、血清学及分子生物学检测。病毒分离鉴定主要是无菌采集发病鸡的肝脏、脾脏、卵泡等器官研磨成匀浆，尿囊腔接种鸡胚分离病毒；血清学检测主要是血清中和试验、血凝抑制试验、间接 ELISA、乳胶凝集试验、免疫荧光等，其中由北京市农林科学院等研制的检测禽坦布苏病毒血凝抑制抗体的试剂盒及由中国农业科学院上海兽医研究所等研制的 ELISA 抗体检测试剂盒已经获得国家新兽药证书，应用试剂盒检测感染前后家禽血清的抗体水平差异，可以用于临床诊断。分子生物学检测方法主要包括 RT-PCR、荧光定量 RT-PCR、RT-LAMP 等。

（6）防控措施

加强日常管理，做好防寒保暖工作，保持清洁干燥的饲养环境；尤其是加强消毒防疫及现场卫生管理，定期进行全场全面消毒，灭蚊灭鼠，做好种鸡的饲养管理和免疫，减少母源传染；采用全进全出的饲养模式，每一批结束后彻底消毒和空舍净化，加强垫料的消毒和处理；对可疑病例及时挑出隔离，同时对病死鸡进行生物无害化处理，从根本上控制传染源，切断传播途径。

该病尚无特效治疗药物，疫苗免疫是预防和控制该病最为经济有效的措施。定期检测抗体水平，根据周边疫情流行情况，及时合理安排疫苗接种。目前已经获得国家新兽药证书的疫苗有灭活疫苗和活疫苗，由北京市农林科学院等研制的灭活疫苗（HB 株）、由华中农业大学等研制的灭活疫苗（DF2 株）、由中国农业科学院上海兽药研究所等研制的活疫苗（FX2010-180P 株）、由齐鲁动物保健品有限公司研制的活疫苗（WF100 株），均可用于预防禽坦布苏病毒病。灭活疫苗在 1~2 周龄蛋鸡颈部皮下注射每只 0.5 毫升，首免后 2 周以相同免疫方式加强免疫 1 次；成年鸡开产前 4 周每只肌内注射 1 毫升，首免后 2 周以相同免疫方式加强免疫 1 次，每只 1 毫升。活疫苗免疫需要充分考虑种鸡的免疫背景及雏鸡母源抗体的水平，根据抗体检测结果，选择在母源抗体下降到阴性或较低水平的时间点进行首次免疫。也可以选择先免疫活疫苗、后免疫灭活疫苗的联合免疫。

9. 鸡减蛋综合征

鸡减蛋综合征是由减蛋综合征病毒引起的一种以产蛋鸡产薄壳或软壳蛋、畸形蛋及产蛋率严重下降为主要特征的传染病。

（1）病原

鸡减蛋综合征的病原是腺病毒科禽腺病毒属中Ⅲ群禽腺病毒。该病毒只有一个血清型，但可分 3 个基因型，无囊膜，双链 DNA，病毒粒子直径为 75~80 纳米，呈典型的二十面立体对称，壳粒清晰可见，每一基底壳粒上只有一个纤突，具有典型的腺病毒形态。该病毒抵抗力强，对乙醚、氯仿不敏感，在室温条件下至少存活 6 个月以上，加热 60℃，30 分钟被灭活。病毒能凝集鸡、鸭、火鸡、鹅、鸽和孔雀的红细胞，并能被特异抗血清所抑制，但不能凝集鼠、兔、马、绵羊、山羊、牛或猪等哺乳动物的红细胞。

（2）流行病学

减蛋综合征病毒可使不同品种、不同年龄的鸡感染。此病可经过种蛋垂直传播，也可在鸡群间水平传播，无明显季节性。此病的流行特点是病毒在蛋鸡性成熟之前侵入体内，一般不显示临床症状。当这些鸡进入产蛋高峰期后，受应激因素的影响（如气候、免疫、饲料变化等）导致机体内的激素分泌紊乱，激发潜在的病毒重新活化并产生致病性。一般认为减蛋综合征病毒的散发是由于鸡群直接或间接接触感染野生或家养水禽引起的。

（3）临床症状

患病鸡群主要表现为产蛋量下降，产蛋率下降 30%~50%，部分病鸡可出现精神差、厌食、羽毛蓬松、贫血、腹泻等症状。在产蛋前被该病毒入侵的鸡群，可能无法到达产蛋高峰。病鸡常产各种畸形蛋，如蛋壳皱缩、薄壳蛋、软壳蛋等，蛋清稀薄如水，内有部分混浊的絮状物附着（图 6–79）。

图 6–79　蛋壳褪白，产软壳蛋

（4）病理变化

本病的特征性病变是卵巢萎缩变性，或有出血，输卵管各段黏膜发炎、水肿、萎缩，腔内可见白色渗出物或干酪样物（图 6–80）。

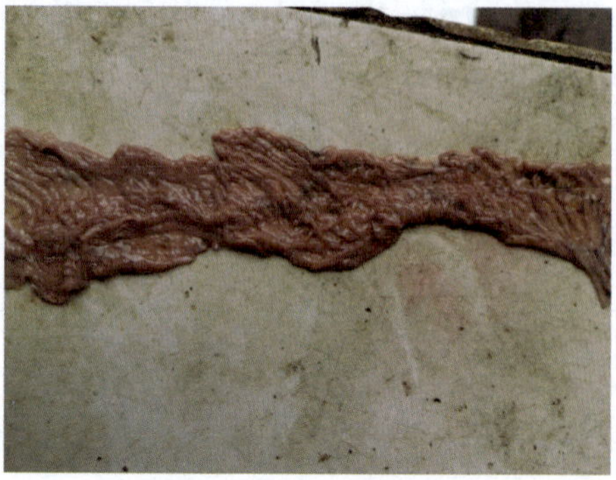

图 6–80　输卵管出血

（5）诊断

①临床诊断：发病鸡群无特异表现而出现产蛋突然下降，异常蛋很多，蛋色减退，可作出初步诊断。但是在临床上许多疾病（如 H_9 亚型禽流感、鸡支原体病、鸡传染性支气管炎、非典型鸡新城疫等）和环境因素都可造成密集饲养的鸡群出现产蛋下降，因此在临床诊断时必须根据疾病的流行特点、临床症状、病理变化、血清学及病原分离和鉴定等进行综合分析与断定。

②实验室确诊：方法一为病毒分离鉴定，病料可从病鸡的输卵管、变形卵泡、无壳软蛋、泄殖腔、肠内容物、鼻咽黏膜等处采样。方法二为血清学检测，琼脂扩散（AGP）试验、病毒中和（VN）试验、免疫荧光（IF）法、酶联免疫吸附试验（ELISA）、免疫斑点试验（IBT）、血凝抑制（HI）试验都是诊断此病最常采用的血清学检测方法。

（6）防治措施

①疫苗预防：免疫接种是该病的主要预防措施。目前应用较多的疫苗有鸡减蛋综合征灭活疫苗、鸡新城疫—减蛋综合征二联灭活疫苗、鸡新城疫—传染性支气管炎—减蛋综合征三联灭活疫苗，以及鸡新城疫—鸡传染性支气管炎—减蛋综合征—H_9 亚型禽流感四联灭活疫苗等。无论采用何种疫苗都可取得较好的免疫效果。

②加强饲养管理：此病尚无有效的治疗方法，只能从加强管理、淘汰病鸡、免疫预防等多方面进行防治。减少各种不良环境应激也会减少此病的发生，同时在饲料中适当增加多种维生素、复合氨基酸等营养物质有助于降低病毒对蛋鸡产蛋率的影响。

10. 鸡马立克病

鸡马立克病是由疱疹病毒引起的、传染性极强的传染病，是鸡最常见的淋巴组织增生性疾病，以外周神经及包括虹膜和皮肤在内的各种器官和组织的单核细胞浸润和形成肿瘤为特征。

（1）病原

此病的病原马立克病毒是一种细胞结合性疱疹病毒，属于疱疹病毒科甲型疱疹病毒亚科马立克病毒属。病毒有3个血清型：血清Ⅰ型（包括弱毒株、中等致病株、高致病力株及超强毒株）；血清Ⅱ型（非致瘤疱疹病毒株）；血清Ⅲ型（火鸡疱疹病毒HVT）。马立克病毒裸露的病毒子或核衣壳呈六角形，直径85~100纳米，通常见于感染组织和培养细胞的细胞核内，在细胞质和细胞外液中偶然也可以看到。具有囊膜的病毒子直径150~160纳米，主要见于核膜和核泡，但也有见于细胞质的。在羽囊上皮细胞中带囊膜的病毒子特别大，直径可达273~400纳米，呈不规则的无定形结构。

（2）流行特点

此病主要发生于鸡，不同品种、各种日龄的鸡均易感。但不同品种鸡易感性有所不同，绒毛乌骨鸡对此病高度敏感，母鸡比公鸡对此病有较低的抵抗力。病鸡和带毒鸡是此病最主要的传染源。鸡只的直接或间接接触是通过气源途径造成病毒的散布。在羽囊上皮细胞中繁殖的病毒具有很强的传染性，这种完全病毒随着羽毛和皮屑脱落到周围环境中。该病毒对外界的抵抗力很强，在室温下至少在4~8个月内还保持传染性。未接种疫苗的鸡群损失可达25%~30%或可高达60%。接种疫苗的产蛋鸡群可把损失减小到5%以下。

（3）临床症状

根据所发生的部位不同，此病可分为内脏型、神经型、眼型和皮肤型4种表现类型。其中以内脏型最为常见。

①内脏型：多呈急性暴发，开始时以大批鸡精神萎靡为特征。部分病鸡出现共济失调，随后出现单侧或双侧肢体麻痹。部分病鸡死亡而无特征临诊症状。很多病鸡表现脱水、消瘦和昏迷。鸡群通常从60日龄开始发病和死亡，随着日龄增加死亡率也逐渐增加，到蛋鸡开产前达到高峰，以后死亡率逐渐减少。

②神经型：主要侵害蛋鸡外周神经，由于所侵害神经部位不同，症状也不同。

以侵害坐骨神经最为常见，表现为一侧较轻一侧较重。病鸡步态不稳，开始不全麻痹，后则完全麻痹，不能站立，蹲伏或呈一腿伸向前方、另一腿伸向后方的特征性姿态。臂神经受侵时则被侵侧翅膀下垂。当支配颈部肌肉的神经受侵时，病鸡发生头下垂或头颈歪斜。当迷走神经受侵时，可引起失声、嗉囊扩张和呼吸困难。腹神经受侵时常有拉稀症状。上述症状易于发现，可发生于不同个体，也可发生于同一个体。病鸡采食困难、饥饿、脱水、消瘦，最后衰竭死亡。

③眼型：主要是由于病毒侵害蛋鸡眼球引起，使眼部出现淋巴样肿瘤，导致一侧或者两侧眼睛失明。虹膜失去正常色素，呈同心环状或斑点状以至弥漫的灰白色。瞳孔边缘不整齐，到严重阶段瞳孔只剩下针尖大小的孔。

④皮肤型：结节状病变涉及少数分散的羽毛囊，或者涉及多个羽毛囊而融合成片。明显带白色结节的，在去毛后的胴体上尤为明显。极度严重病例其结节变成带褐色痂皮的疤痕样结构。发生率最高的部位是大腿内外侧和颈背侧。小腿皮肤可见红斑。鸡冠或肉垂出现肿大。

（4）病理变化

①内脏型：肝脏肿大 1~3 倍，质地变硬，肝脏表面分布大量灰白色的小点，呈针尖至粟粒大小不等的肿瘤结节（图 6–81）；脾脏肿大 5~8 倍，质地软且脆，切面呈灰红色，分布大量的白色小病灶（图 6–82）；腺胃肿大（图 6–83），黏膜呈粗颗粒状，并存在出血点和溃疡斑，腺胃壁增厚，固有层和黏膜下层是厚厚的油脂样疏松组织，呈灰白色。鸡体消瘦，胸骨突出明显。有时在心脏、卵巢、肺脏、肾脏等器官也可见到肿瘤结节（图 6–84、图 6–85），有的结节呈油脂状。法氏囊和胸腺萎缩。

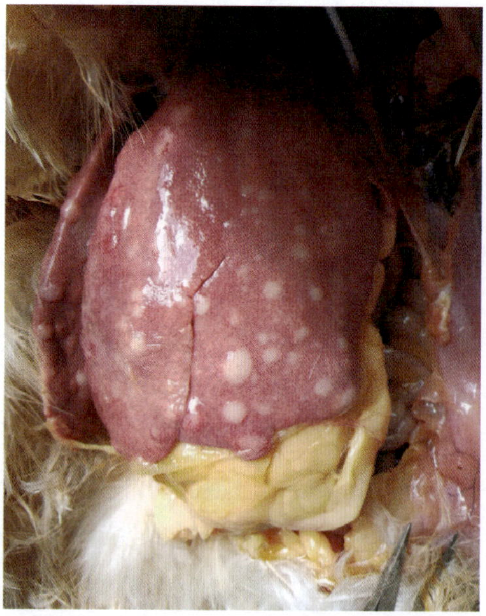

图 6–81　肝脏肿瘤

②神经型：主要侵害外周神经的坐骨神经和臂神经，外周神经病变一类是以肿瘤为特征，另一类是以炎症反应为特征，导致以上神经支配的器官和组织出现

完全麻痹或者不完全麻痹（图 6–86）。病鸡典型症状是双腿呈“劈叉”姿势；侵害臂神经时，病鸡双翅下垂；侵害支配颈部肌肉的神经时，病鸡低头或者斜颈；侵害迷走神经时，嗉囊膨大或者麻痹，导致食入的饲料无法下行。

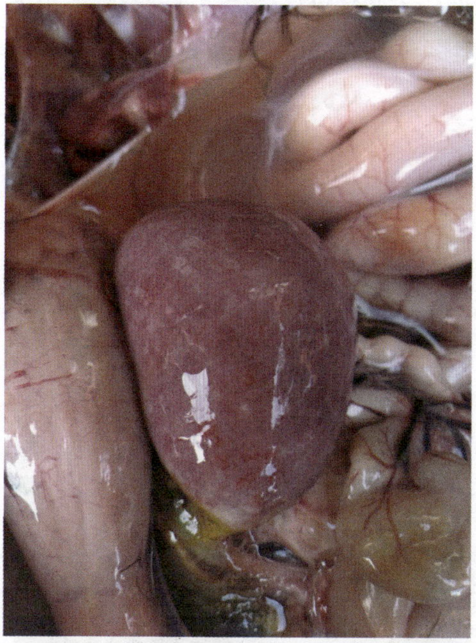

图 6–82　脾脏肿大、布满白色的坏死灶

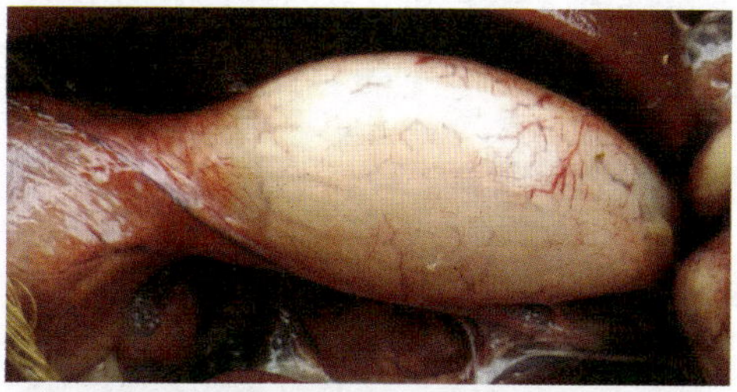

图 6–83　腺胃肿大

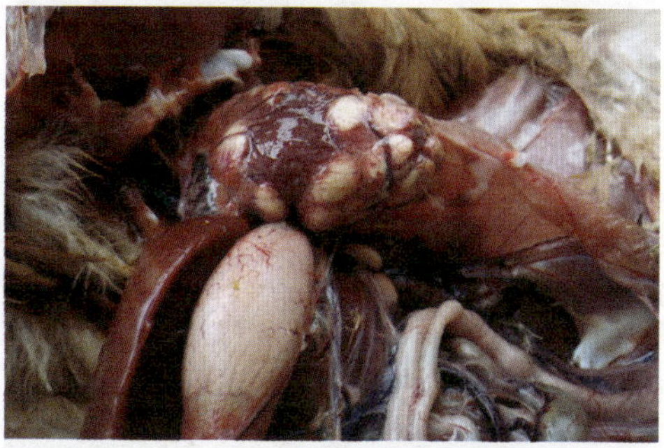

图 6–84　心脏肿瘤

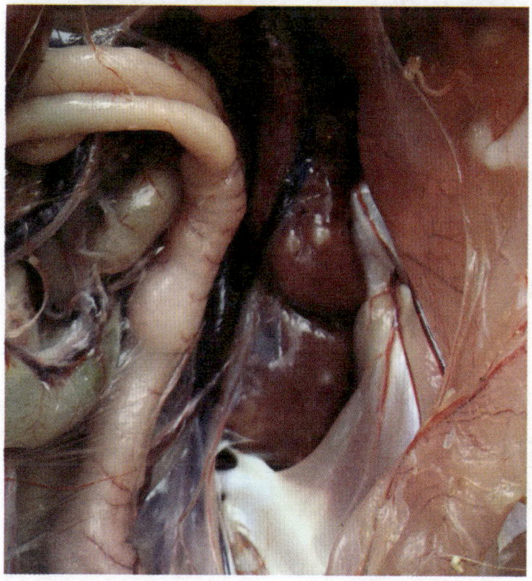

图 6–85　肾脏肿瘤结节

图 6–86　神经肿瘤

③眼型：眼角出现淋巴样肿瘤，眼虹膜血管充血到肿胀，瞳孔边缘不整齐，收缩变小，导致一侧或者两侧眼睛失明（图 6–87）。

④皮肤型：皮肤病变大部分表现为炎症，但也有毛囊腔出现肿瘤结节，位于感染的羽毛囊周围（图 6–88）。病变较轻时，皮肤仍可保持结构的完整性，但大量的增生性病变可能会引起表皮破裂形成溃疡。

图 6–87　眼睛失明

图 6–88　皮肤肿瘤

（5）诊断

①临床诊断：根据此病的流行病学、临床症状及特征性病变可作出初步诊断。确诊必须根据肿瘤特异标记等疾病特异标准做出。血清学方法和病毒学方法主要用于鸡群感染情况的监测，常用的有琼脂扩散试验、荧光抗体试验、ELISA 和病毒中和试验等多种方法。

②实验室确诊：方法一为病毒分离鉴定，用病鸡的肿瘤组织、抗凝血或含血液淋巴细胞的悬液作为接种材料，然后用单抗作免疫荧光染色。方法二为聚合酶链反应（PCR）试验，可区分致弱株和野毒株，也可检测淋巴瘤中病毒 DNA。

（6）防治措施

①预防：采取全进全出的饲养方式，保持鸡舍内环境的卫生清洁并严格消毒，

特别是孵化室及育雏鸡舍卫生清洁和消毒，避免雏鸡早期发生感染。

②疫苗免疫：疫苗接种是防控鸡马立克病的主要措施。目前全世界使用的疫苗毒株有 3 种：第一种是人工致弱的 1 型马立克病毒毒株，第二种是自然不致瘤的 2 型 MDV 毒株，第三种是 3 型马立克病毒（HVT）。火鸡疱疹病毒冻干疫苗是我国使用最广泛的单价疫苗，便于保存和使用，但液氮苗对保存条件要求高，雏鸡出壳后第一天就应免疫接种鸡马立克病活疫苗。

（五）其他常见疾病防控

1. 鸡滑液囊支原体病

此病是由鸡滑液囊支原体引起鸡慢性呼吸道感染的一种传染病，由此引起的呼吸道疾病主要表现为亚临床型，一般不易被观察到。病鸡主要的临床表现为由渗出性滑液膜炎或腱鞘滑膜炎引发的关节肿大、软脚、体形消瘦和龙骨囊肿等。

扫码看视频

（1）病原

鸡滑液囊支原体是属于支原体科支原体属。菌体呈卵圆形、梨形、球状或球杆状等多种形态，革兰染色阴性，无鞭毛，直径 300~500 纳米，仅有一个抗原型，但致病力因菌株不同而有所差异。病原菌对关节、滑液囊及呼吸道器官组织有亲嗜性。培养出的菌落与败血支原体菌落类似，在显微镜下可观察到煎蛋状的菌落（图 6–89）。该病菌对外界环境的抵抗力也不强，对高温敏感，多种消毒剂均可将其杀灭。

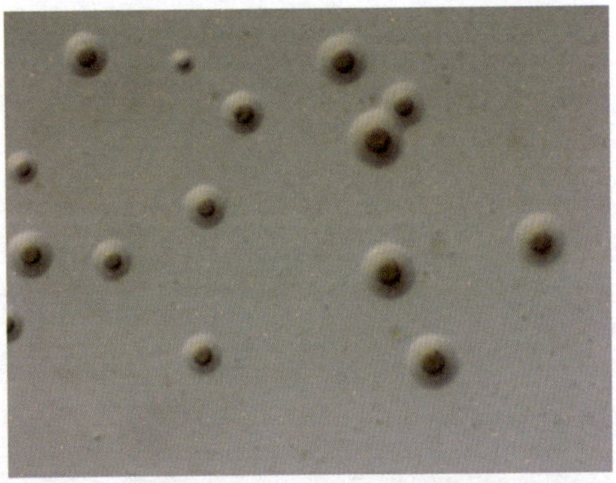

图 6–89 滑液囊支原体菌落

（2）流行病学

鸡滑液囊支原体病发病一般在 20 日龄左右，病雏鸡出现羽毛蓬乱，精神沉郁，采食量下降，无法站立等症状。主要的临床病变表现在龙骨、跗关节及爪垫上。蛋鸡易感日龄为 3~20 周龄，以 4~16 周龄最易感。鸡滑液囊支原体病属于慢性消耗性疾病，很少直接导致死亡。发病鸡群的体重增长明显放缓，甚至出现体重不增反降的现象，一般比标准体重低 20%~30%。蛋鸡或种鸡蛋壳质量下降。滑液囊支原体具有水平传播和垂直传播的能力。水平传播可以通过接触传播，或者经饮水、垫料传播，传播速度快。呼吸道传播是主要的感染途径，经呼吸道感染的鸡最先出现临床症状，且较为严重；经消化道与皮下感染的鸡多呈隐性感染且无明显临床症状。此病通过种蛋垂直传播。

（3）临床症状

此病临床症状主要表现为鸡冠发白、跛行、跗关节肿大（图 6–90）、脚垫肿胀，常伴有胸骨囊肿，同时还表现生长迟缓，体形消瘦，羽毛零乱，鸡冠发育不良或萎缩。急性发病的蛋鸡排出绿色粪便。急性感染滑液囊支原体的蛋鸡或种鸡，出现短暂产蛋下降。

图 6–90　跗关节肿大

（4）病理变化

跗关节、趾关节、脚垫、龙骨滑膜囊内有黏稠、胶状、从灰色到黄色的渗出物（图 6–91 至图 6–93）。严重时跗关节、翅膀关节或脚爪关节肿大。与鸡毒支原体共同感染可见呼吸道症状，病鸡气管、气囊或鼻窦有轻微黏性混浊的渗出物。少数病死鸡肾脏肿大且有尿酸盐沉积（图 6–94）。

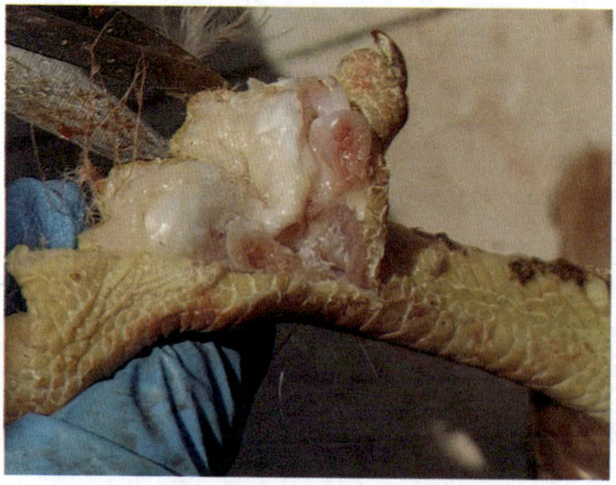

图 6–91　趾关节肿大、脓样渗出物

图 6–92　脚垫有脓性渗出物

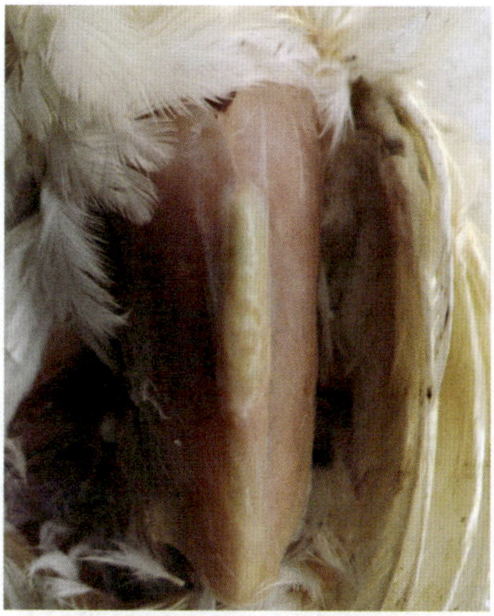

图 6-93　龙骨干酪样渗出物

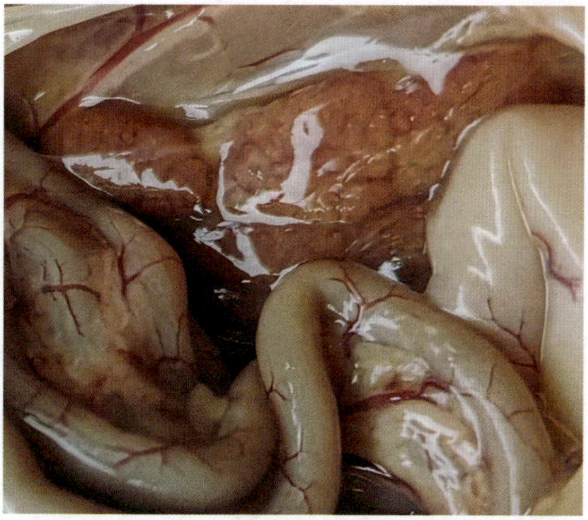

图 6-94　肾脏肿大，有尿酸盐沉积

（5）诊断

①临床诊断：根据典型的临床症状和肉眼可见的病理变化，尤其是流行性的跛行、肿大的关节可作出初步诊断。但要与金黄色葡萄球菌病、大肠埃希菌病、巴氏杆菌病和沙门菌病等区别诊断，要确诊此病还需通过实验室检测。

②实验室确诊：方法一为血清学检测，主要有血清平板凝集试验、血凝抑制试验和酶联免疫吸附试验。方法二为 PCR 检测，早期采取上呼吸道黏膜或病死鸡关节等病变组织进行检测（图 6–95）。

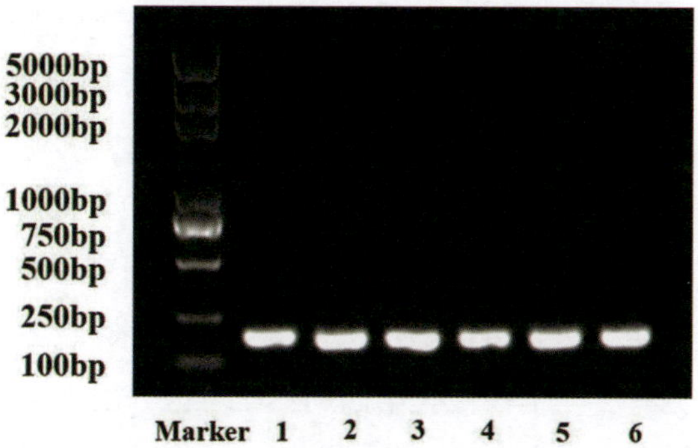

图 6-95　滑液囊 PCR 电泳图片

（6）防治措施

①疫苗免疫：国内主要疫苗有灭活疫苗和活疫苗（MS–H 株），采用 MS–H 株活疫苗通过点眼的方式给雏鸡接种可预防和减轻临床症状。灭活疫苗能诱导鸡产生体液免疫和细胞免疫，受到感染时能提供较高的保护。

②药物预防：药物预防和疫苗免疫可起到 80% 的保护作用。临床常用的药物有沃尼妙林、酒石酸泰乐菌素、酒石酸泰万菌素、利高霉素、磷酸替米考星、

泰妙菌素、盐酸多西环素等。

③治疗：对病鸡群可采用大剂量的青霉素钠和硫酸链霉素混合肌注或盐酸林可霉素—盐酸大观霉素或硫酸卡那霉素配合细胞转移因子混合肌注 1~2 次，具有较好的治疗效果。研究发现，中药或植物提取物对该病毒也有一定抑制作用。如茶树精油可用于治疗鸡滑液囊支原体病且对蛋品质无任何影响，丁香、小茴香和肉桂油对此病菌均有体外抑制作用。

2. 鸡住白细胞虫病

住白细胞虫病又称住白细胞原虫病或住白虫病，是由住白细胞虫属原虫寄生于禽类血液和内脏器官组织细胞引起的一类疾病的总称。病鸡因红细胞被破坏及广泛性出血，鸡冠呈苍白色，故又名白冠病。此病对雏鸡危害严重，发病率高，症状明显，常引起大批死亡。此病是由卡氏住白细胞虫或沙氏住白细胞虫寄生于鸡白细胞和红细胞内而引起的一种血液原虫病。

（1）病原

住白细胞虫属于疟原虫科住白细胞虫属。住白细胞虫在鸡体内的配子生殖阶段可分为 5 个时期，不同时期大小、形态各异。第一期：在血液涂片或组织印片上，虫体游离于血液中，呈紫红色圆点状或似巴氏杆菌两极着色状，也有 3~7 个或更多成堆排列者，大小为 0.89~1.45 微米。第二期：其大小、形状与第一期虫体相似，不同之处在于虫体已侵入宿主细胞内，多位于宿主细胞一端的胞浆内，每个红细胞有 1~2 个虫体。第三期：常见于组织印片中，虫体明显增大，其大小为 10.87 微米 ×9.43 微米，呈深蓝色，近似圆形，充满于宿主细胞的整个胞浆，将细胞核挤在一边，虫体核的大小为 7.97 微米 ×6.53 微米，中间有一深红色的核仁，偶见有 2~4 个核仁。第四期：已可区分出大配子体和小配子体。大配子体呈圆形或椭圆形，大小为 13.05 微米 ×11.6 微米；细胞质深蓝色，核居中呈肾形、菱形、梨形、椭圆形，大小为 5.8 微米 ×2.9 微米，核仁为圆点状。小配子体呈不规则圆形，大小为 10.9 微米 ×9.42 微米；细胞质少呈浅蓝色，核几乎占去虫体的全部体积，大小为 8.9 微米 ×9.35 微米，较透明，呈哑铃状、梨状；核仁紫红色，呈杆状或圆点状。被寄生的细胞也随之增大，其大小为 17.1 微米 ×20.9 微米，呈圆形，细胞核被挤压成扁平状。第五期：其大小及染色情况与第四期虫体基本相似，不同之处在于宿主细胞核与胞浆均消失。本期虫体容易在末梢血液涂片中观察到。

（2）流行病学

此病由虫媒库蠓等进行传播，所以此病的流行与虫媒的活动密切相关。在热带和亚热带高温高湿地区，全年都可发生。在我国南方地区3月就开始发生，5月为发病高峰，一直到11月都可发生。鸡的年龄与住白细胞虫的感染率成正比，与发病率却成反比。住白细胞虫的生活史由3个阶段组成，即孢子生殖在昆虫体内，裂殖生殖在宿主的组织细胞中，配子生殖在宿主的红细胞或白细胞中。住白细胞虫的发育需要有昆虫媒介，卡氏住白细胞虫的发育在库蠓体内完成。当昆虫吸血时随其唾液将住白细胞虫的子孢子注入鸡体内。首先在血管内皮细胞繁殖，形成裂殖体，感染后宿主细胞破裂，裂殖体随血流转移至其他寄生部位，如肾、肝和肺等。引起鸡死亡的原因一般认为是虫体在网状内皮系统各器官组织大量繁殖，破坏各器官组织细胞，引起血管破裂而出血。严重者引起肺血管破裂，出现咯血而突然死亡。还有虫体在配子生殖阶段体积增大，大量破坏红细胞，引起贫血。但也有人认为，卡氏住白虫病的贫血不是溶血性的，而是出血造成的。

（3）临床症状

①雏鸡和育成鸡的症状明显，死亡率高。病鸡体温升高，精神沉郁，食欲降低，口流涎水，羽毛松乱，鸡冠发白，拉黄绿色稀粪，个别有翅膀扇动，突然抽搐死亡，死前口吐鲜血。部分病鸡被倒提时口腔流出黄绿色带有酸味液体。

②产蛋鸡感染后病情较轻，死亡率相对较低，体重下降，鸡冠苍白（图6-96），体形消瘦，采食量减少，产蛋率逐渐下降，蛋壳质量变差、颜色变浅（图6-97），排绿色或白绿色的稀粪（图6-98），出现零星死亡。

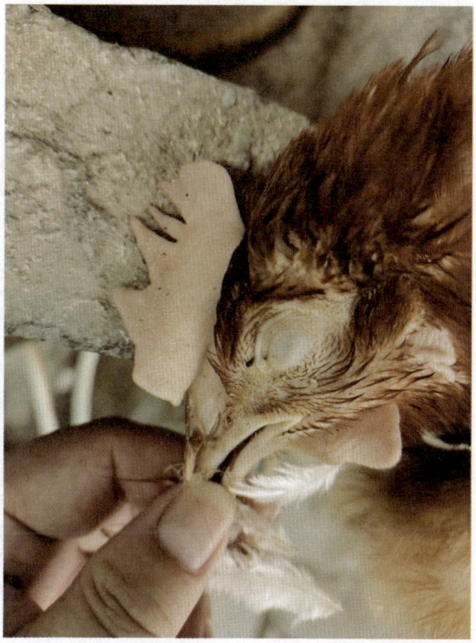

图6-96　鸡冠苍白

图 6–97　蛋壳变白变薄

图 6–98　拉白绿色的稀粪

（4）病理变化

①雏鸡和育成鸡：胸骨突起、体形消瘦（图 6–99）、肌肉苍白。心冠和心肌脂肪、胰腺、肠系膜、腹部脂肪等处出现针尖至粟粒大的血囊（图 6–100 至图 6–103）。全身性出血，特别是胸肌、腿肌有出血斑或出血点，血液稀薄。脾脏肿大 2~3 倍，呈花斑状（图 6–104），肾脏出血，肾脏苍白呈土黄色。

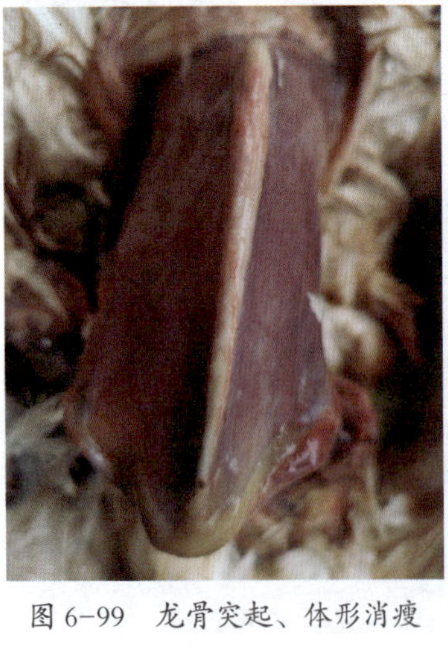

图 6–99　龙骨突起、体形消瘦

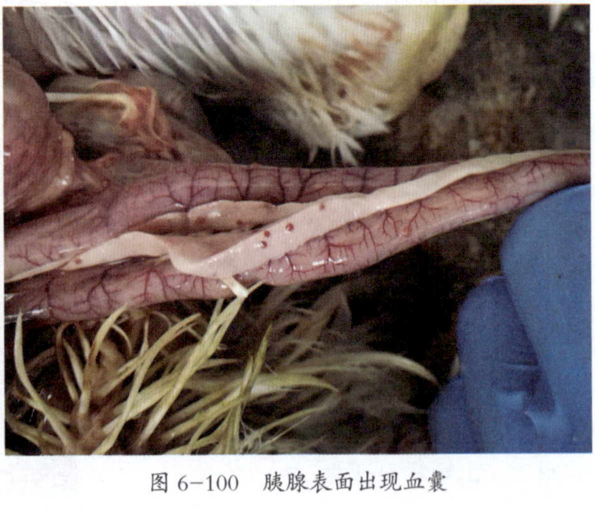

图 6–100　胰腺表面出现血囊

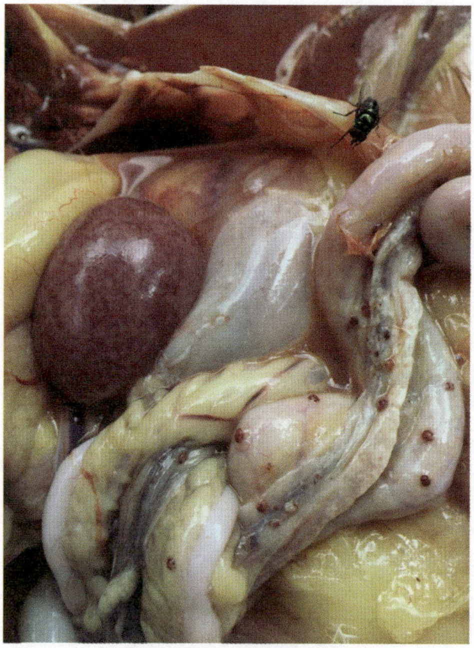

图 6-101　肠道外壁出现血囊

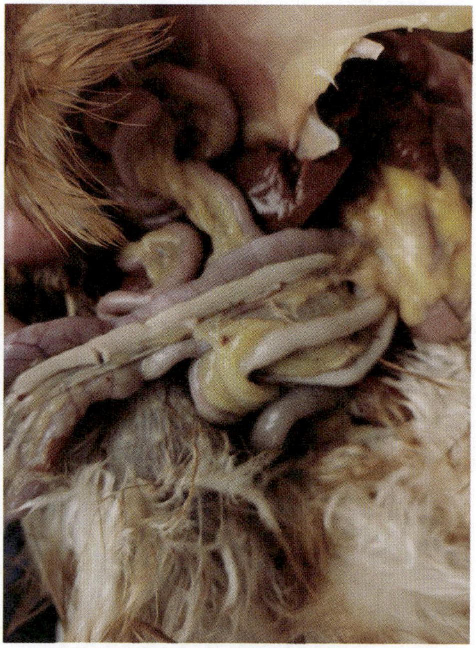

图 6-102　腹部脂肪出现血囊

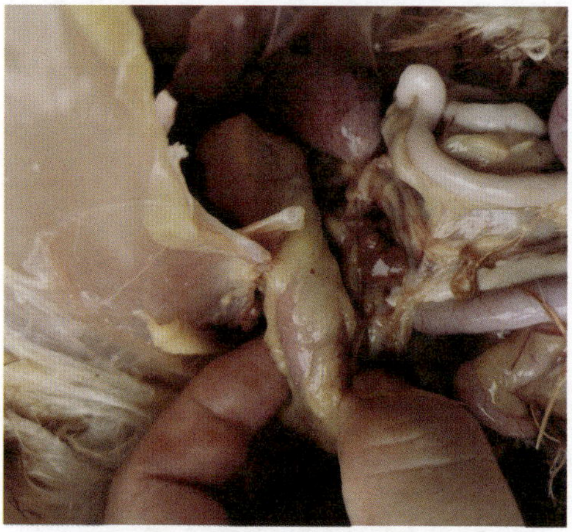

图 6-103　腺胃表面脂肪出现血囊

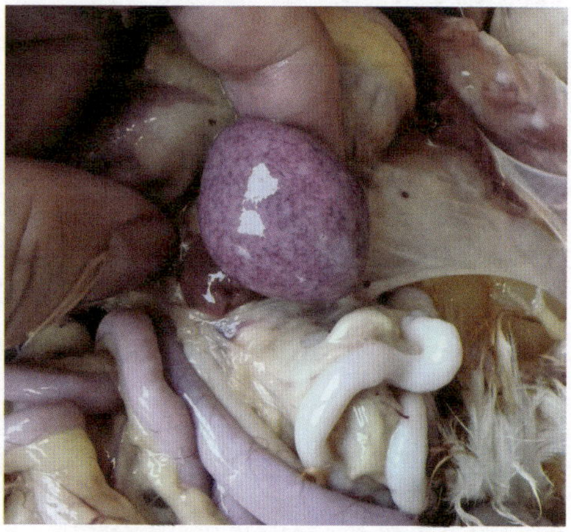

图 6-104　脾脏肿大呈花斑状

②产蛋鸡：内脏器官病变与雏鸡和育成鸡类似，肠壁充血呈粉红色（图 6-105），产蛋鸡输卵管内壁出现小血囊（图 6-106）。

（5）诊断

①临床诊断：根据流行病学、临床症状、病理变化可作出初步诊断。

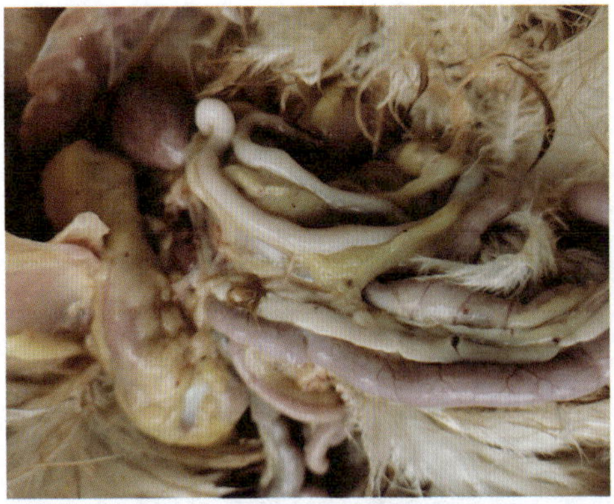

图 6-105　肠道呈粉红色

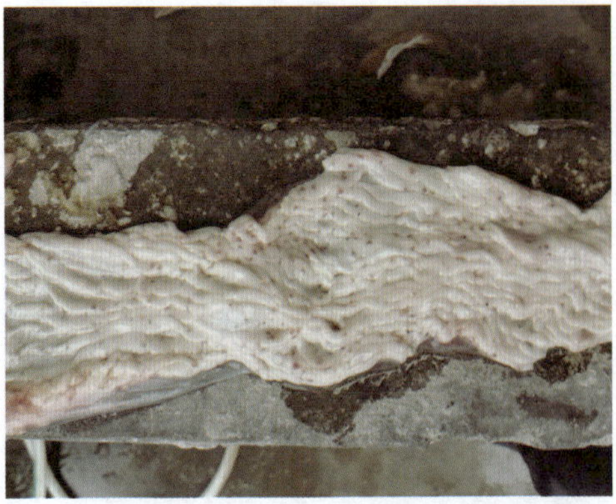

图 6-106　输卵管内壁出现血囊

②实验室诊断：病鸡翅膀静脉采血涂成薄片，或者挑取病鸡内脏器官上的白色结节，涂片，自然干燥，用甲醇固定 2~3 分钟，再用姬姆萨染料染色，干燥后，油镜下检查到虫体便可作出诊断。

③免疫学诊断：方法包括乳胶凝集试验、环子孢子沉淀反应、子孢子中和反应、免疫荧光技术等。免疫学的诊断方法具有灵敏度高，特异性强，结果判断简便等特点。

（6）防治措施

①预防控制：在虫媒活跃的季节，用 0.1% 氰戊菊酯喷洒鸡舍及周围环境，杀灭虫媒，阻断病原入侵鸡舍（图 6-107）。药物预防一般使用抗球虫药，对肉鸡住白细胞虫病有一定的效果，但是产蛋鸡禁止使用任何药物，可选用中药如青蒿进行预防。

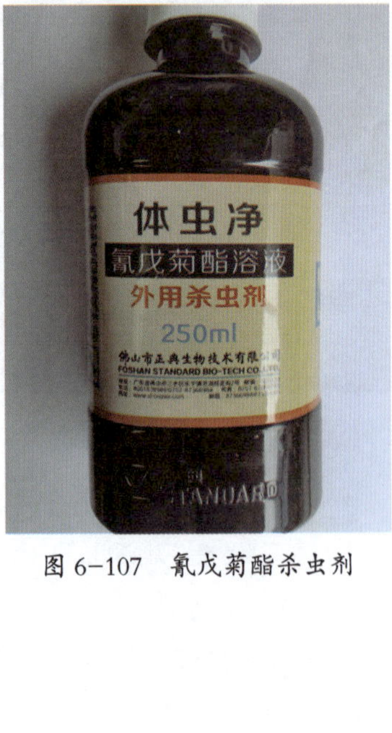

图 6-107　氰戊菊酯杀虫剂

②治疗措施：用于治疗鸡卡氏住白细胞虫病的药物有很多，一般的抗球虫药都有一定的效果，但关键在于及时选用最佳的首选药。在饮水或饲料中添加复方磺胺间甲氧嘧啶钠，每吨饲料中添加 500 克，连用 3~4 天效果明显。个别严重的病鸡可肌内注射磺胺嘧啶钠注射液。

3. 鸡球虫病

鸡球虫病是一种或多种球虫在鸡肠道上皮细胞生长和繁殖，造成鸡肠道黏膜和黏膜下层的细胞大量崩解、坏死、脱落、出血的一种急性或慢性原虫病。肠道损伤程度与肠道中寄存的球虫孢子卵囊的数量和种类有关。

（1）病原

鸡球虫属于艾美耳科艾美耳属，已报道寄生在鸡体内的球虫有 9 种，分别是柔嫩艾美耳球虫、堆型艾美耳球虫、巨型艾美耳球虫、毒害艾美耳球虫、布氏艾美耳球虫、早熟艾美耳球虫和缓艾美耳球虫、变位艾美耳球虫及哈氏艾美耳球虫，每种球虫的寄生部位、潜隐期、形态结构、危害性有所不同，其中柔嫩艾美耳球虫寄生于盲肠，其他的种类寄生于小肠。

（2）流行病学

只要有鸡的地方就会有球虫。随着集约化饲养程度的提高，一年四季均可发生球虫病。球虫病一般暴发于 3~6 周龄的雏鸡，毒害艾美耳球虫常危害 8~18 周龄的鸡。种鸡和成年鸡往往成为隐性带虫者和传染源。球虫卵囊可在粪便中存活，很容易由被粪便污染的靴子、衣物、车辆、饲料、饮水、人员传入蛋鸡场。经口摄入有活力的孢子化卵囊是天然的传播方式。球虫无天然中间宿主，但可通过不同的动物、昆虫进行间接传播。生产中最常发生的是柔嫩艾美耳球虫、堆型艾美耳球虫和毒害艾美耳球虫感染，且以柔嫩艾美耳球虫病（盲肠球虫病）最为常见。球虫孢子化卵囊对外界环境和常用消毒剂有极强的抵抗力，一般的消毒剂不易破坏，在土壤中可存活数月之久。鸡球虫孢子化卵囊对高温及干燥环境抵抗力较弱。

（3）临床症状

根据症状明显程度及病程长短，鸡球虫病可分为急性球虫病和慢性球虫病。

①急性型盲肠球虫：主要由柔嫩艾美耳球虫重度感染引起，多见于雏鸡。病初鸡精神萎靡，羽毛逆立，头蜷缩，喜饮水，食欲缺乏，排血红色番茄样黏稠的粪便（图 6–108、图 6–109），治疗不及时 1~2 天内死亡。

②急性型小肠球虫：主要由毒害艾美耳球虫重度感染引起，多见于育雏后期及青年鸡，有时成年鸡群也发病。临床症状与急性型盲肠球虫病相似，只是排出的血粪颜色暗淡而黏稠。急性型小肠球虫病死亡率仅次于急性型盲肠球虫病，毒

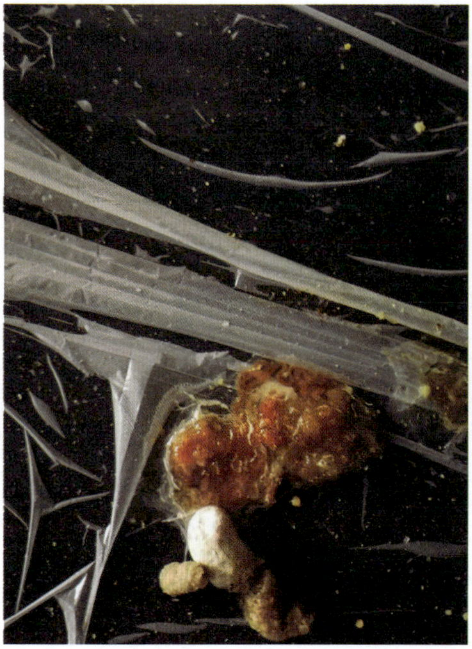

图 6-108　番茄样的稀粪

图 6-109　球虫黏稠的粪便

害艾美耳球虫常与产气荚膜梭菌所引起的坏死性肠炎合并感染，可引起反复发病而延长病程。

③慢性型：多见于成鸡或发生急性球虫感染后期的病鸡，病程稍长，多数情况下是堆型艾美耳球虫与巨型艾美耳球虫感染为主导。临床症状为拉巧克力样的稀粪（图 6-110），病鸡体形消瘦，鸡冠、鸡爪苍白，死亡率相对较低。

图 6-110　巧克力样的稀粪

（4）病理变化

①盲肠球虫：主要病理变化在盲肠，可见盲肠显著肿大，肠道内充满暗红色血液或凝固血块。急性感染病例可见盲肠肿大并充满血液（图 6-111），盲肠内有凝血及充满干酪样物质，盲肠硬化并脆弱。受到极严重感染时，直肠可见灰白色环状坏死灶。

②小肠球虫：主要病理变化在小肠，可见在小肠中部高度肿胀，是正常时的 2 倍以上。小肠肠壁充血、出血和坏死，黏膜肿胀增厚。肠道内容物含有大量的血液、血凝块和坏死脱落的上皮组织（图 6–112）。

（5）诊断

①临床诊断：通过临床症状、病理变化基本可作出初步诊断，但此病在临床上要注意与肠毒综合征、中毒进行鉴别诊断。

②实验室诊断：直接涂片法检查感染肠道中的内容物，检查到球虫的卵囊、裂殖体、裂殖子等即可确诊（图 6–113）。用饱和盐水漂浮法检测粪便中的卵囊，根据病变位置、特征和卵囊的大小、形状等可初步鉴定虫种（图 6–114）。

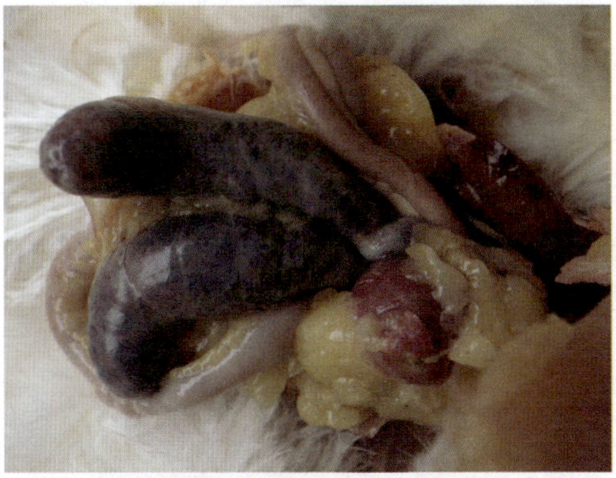

图 6–111　盲肠肿大、出血

图 6–112　小肠肿大、大量出血点

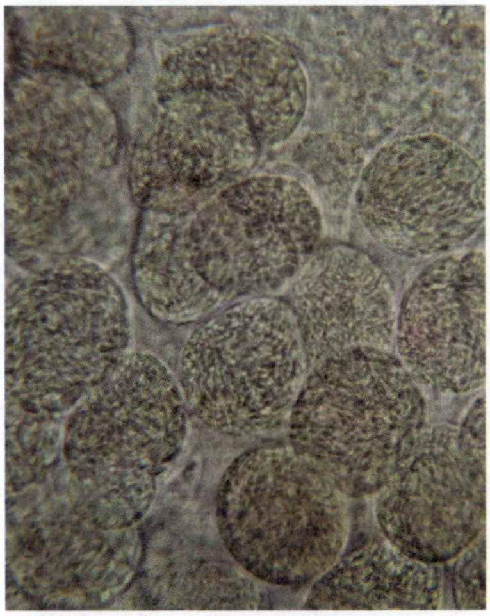

图 6–113　球虫裂殖体形态

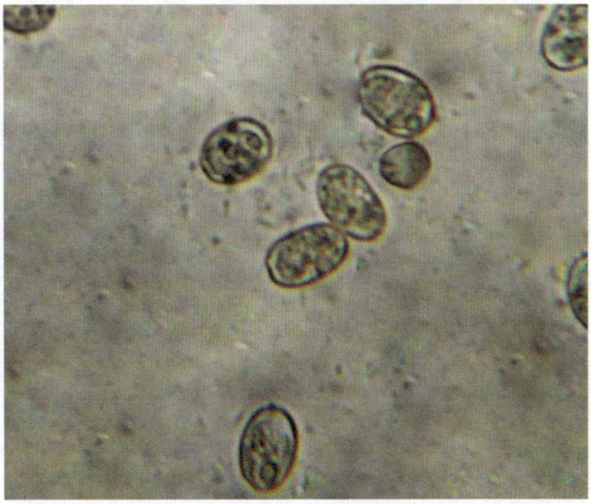

图 6–114　球虫卵囊形态

（6）防治措施

①预防控制：加强饲养管理，做好鸡舍内外的日常卫生消毒工作，清舍后严格清理残留在鸡笼的粪便，清洗笼舍时用泡沫消毒剂清洗鸡笼等；球虫疫苗免疫，3~5 日龄雏鸡可通过饮水、滴嘴等方法进行鸡球虫活疫苗的接种，可明显降低鸡球虫病的发生；药物预防，定期饲喂抗球虫药，选择不同的球虫药并进行轮换使用。

②治疗：抗球虫药物多达 50 多种，目前可使用的有 20 余种，大致分为两大类：一类是聚醚类离子载体抗生素，另一类是化学合成的抗球虫药物。目前市场上使用的聚醚类离子载体抗生素品种主要有：莫能菌素、盐霉素、拉沙菌素、马杜霉素、甲基盐霉素、森杜拉霉素等，但是不能同时联合泰妙菌素一起使用。化学合成类抗球虫药主要有磺胺类、球痢灵、氯羟吡啶、氯苯胍、氨丙啉、尼卡巴嗪、呋喃唑酮、常山酮、氟嘌呤、地克珠利、百球清、二甲硫胺、喹啉类等。这些球虫药可单独使用或 2~3 种配伍使用。

临床常用的方案有以下几种。

方案一盐酸氨丙啉：用于抑制球虫第一代裂殖体形成裂殖子效果好，本品毒性较小，安全范围大。预防给药浓度为 100 毫克 / 千克，治疗给药浓度可采用 250~500 毫克 / 千克，连续使用 3~5 天。临床上可配伍磺胺喹噁啉一起使用提高治疗效果。

方案二地克珠利：混合饲料按每千克饲料添加 1 毫克，混合饮水按每 1000 毫升水添加 0.5~1 毫克，对盲肠球虫效果好。本品安全范围大，不易造成中毒反应。

方案三妥曲珠利：混合饮水按每千克水添加 7 毫克或每千克水添加 25 毫克饮水 48 小时，不但能有效防止球虫病，使球虫卵囊全部消失，而且不影响雏鸡生长发育及对球虫免疫力的产生。对盲肠、小肠球虫均有较好的效果。

方案四磺胺类：如磺胺氯吡嗪钠、磺胺间甲氧嘧啶、磺胺对甲氧嘧啶、磺胺喹噁啉、磺胺二甲嘧啶等。具体用量按说明使用。使用磺胺类抗球虫药时不能与复合维生素 B 混合使用，否则会降低抗球虫药效果，也易导致球虫病暴发。

方案五中草药的开发：中草药有长时间应用不易产生耐药性，毒副作用小，并有促进生长等优点。据报道，从青蒿、苦参、大黄、地榆等中药配成的复方制剂与马杜霉素、地克珠利等化学药物配合时的抗球虫效果，可得出中西药配合应用既可提高中药复方的药效，又能降低西药剂量的结论。

除拌料、饮水外，在球虫病严重时可采用磺胺间甲氧嘧啶钠注射液或青霉素钠进行肌内注射，每天 1 次，连续 2 次，具有较好的治疗效果。

4. 鸡螨

鸡螨即鸡皮刺螨，也叫红螨、栖架螨或禽螨，是由鸡皮刺螨虫寄生于鸡皮肤和鸡舍栖架上的一种常见寄生虫病。在亚热带和温带地区有栖架的老鸡舍发病尤为严重。

扫码看视频

（1）病原

鸡皮刺螨属于皮刺螨科，呈长椭圆形，后部略宽，体表密生短毛，假头长，一对螯肢呈细长的针状，有 3 对足或 4 对足，足很长，有吸盘，背板部分比其他角质部分明亮。饱血后虫体由灰白色转为红色。雌螨长 0.72~0.75 毫米、宽 0.4 毫米，雄螨长 0.6 毫米、宽 0.32 毫米。

（2）流行病学

各种日龄的鸡均易感染，以老旧鸡舍饲的蛋鸡、种鸡多见。鸡皮刺螨的发育要经卵、幼虫、若虫、成虫 4 个阶段。皮刺螨通常在夜间爬到鸡体吸血（图 6–115），白天隐匿于栖架上、鸡笼的接缝处及鸡舍内各处细缝中（图 6–116），甚至会爬到工人身上叮咬（图 6–117）。当虫体大量寄生于鸡体上时，鸡群出现烦躁不安、贫血、消瘦、产蛋量下降、严重失血导致死亡。

图 6–115　躲藏在羽毛内的螨虫

图 6–116　螨虫藏在水管接缝处

图 6–117　工人衣服上的螨虫

（3）临床症状

鸡群烦躁不安，采食量下降，贫血，消瘦，鸡冠苍白（图6-118），产蛋量下降，严重失血导致死亡。病鸡羽毛脱落（图6-119），有爪羽的鸡脚出血（图6-120）。

（4）病理变化

内脏器官无明显的病理变化。

（5）诊断

把螨虫置于放大镜或低倍显微镜下进行形态观察，根据虫体比对，进行确诊。

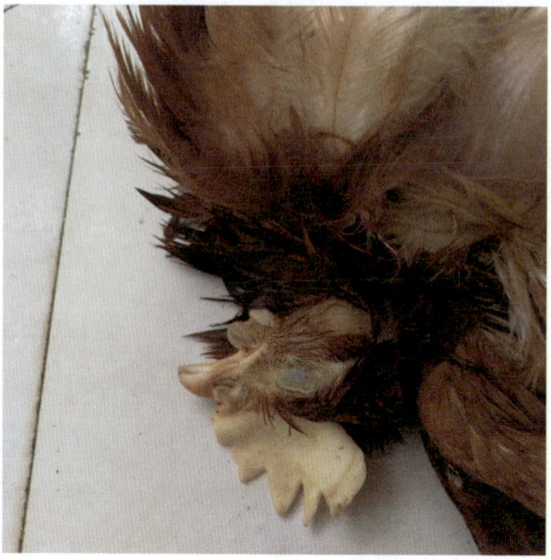

图6-118 病死鸡鸡冠苍白

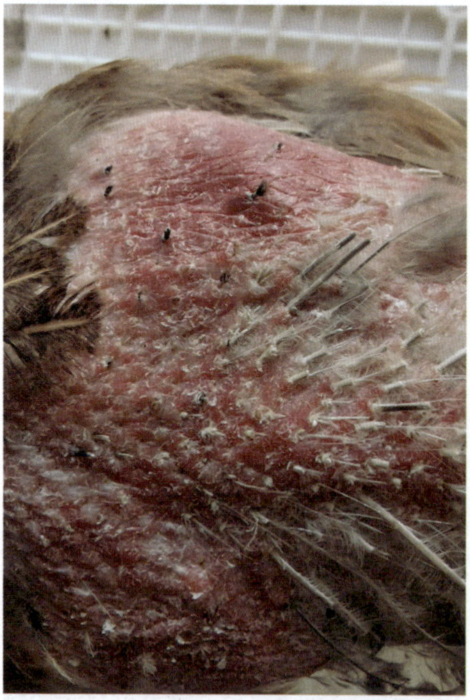

图6-119 羽毛脱落

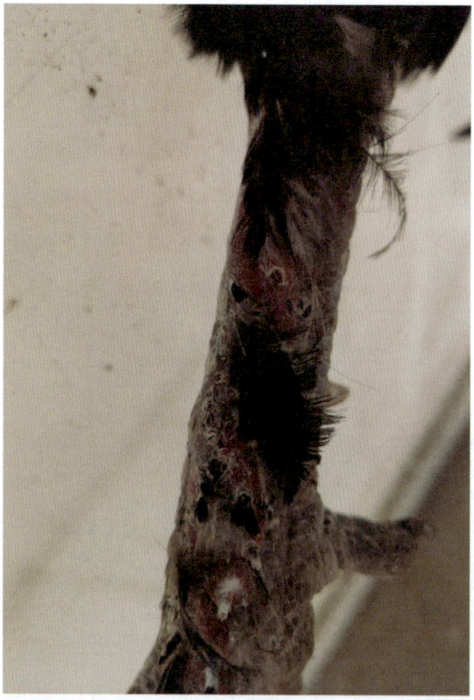

图6-120 鸡脚出血

（6）防治措施

①预防：做好鸡舍内外的环境卫生，保持鸡舍的整洁干燥。遵循全进全出的原则，做好空栏的清洁和消毒工作，空栏清洗时可在泡沫消毒剂中添加溴氢菊酯喷洒覆盖并静置 1~2 小时，待泡沫渗透至鸡笼缝隙中。

②治疗：按每升水添加 0.1~0.2 毫升溴氢菊酯直接喷洒病鸡、鸡舍、鸡笼及饲槽等（图 6–121），每周 1~2 次，对平养蛋鸡要勤换垫草并烧毁带虫垫料。此外，严重感染的鸡群可配合伊维菌素预混剂进行拌料治疗，连喂 3~5 天，有较好的治疗效果。

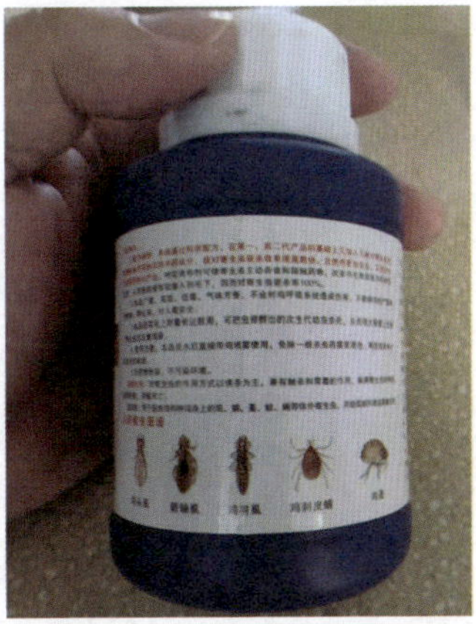

图 6–121　杀虫药溴氢菊酯

5. 鸡脚出血征

鸡脚出血现象主要集中在育成鸡阶段，往往发生比例较高，其他阶段也时有发生。病鸡出现鸡脚间出血，少数病鸡流血较多。

（1）病原

本病主要发生在育雏鸡和育成鸡阶段，由于饲养管理不善、饲料营养不全及病理的原因导致鸡群出现鸡脚出血、血凝不止，少数病鸡因出血过量而死亡。

（2）流行病学

此病主要发生在鸡群生长最快速的阶段，对饲料营养需求较大，由于限制饲喂的因素和饲料中的营养不全，以及饲养管理不到位等导致鸡脚出血（图 6–122）。鸡群开产后病情缓解。

（3）临床症状

病鸡主要发生在育雏和育成阶段，育成阶段出现的较多。此病一年四季均可发生，采食量正常，个别鸡体形消瘦，除鸡脚出血外（图 6–123），少数死亡鸡鸡冠苍白，无其他异常症状出现。

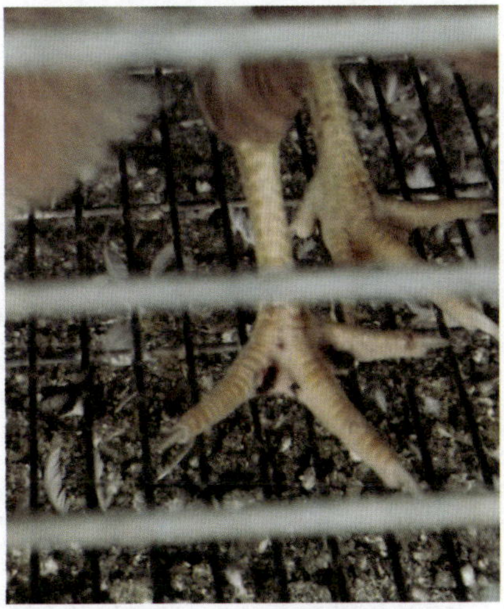

图 6–122　鸡脚出血

（4）病理变化

少数病死鸡剖检由于失血过多，肝脏出现土黄色（图 6–124），其他无明显的病理变化出现。

图 6–123　鸡脚出血

图 6–124　肝脏变土黄色

（5）病因分析

主要病因根据临床实践分析有饲养管理原因、饲料营养因素、病理性原因及霉菌毒素中毒因素等。

①育雏、育成阶段不良的饲养环境：由于鸡舍内光照时间过长，光照强度大，舍内温度高，通风不良，氨气等有害气含量高，再加上饲养密度大，鸡在笼子内烦躁不安，受到惊吓后，相互踩踏导致鸡脚出血，一般发生比例比较高。

②笼具原因：主要出现在新建的鸡场，由于笼具较新，笼具上的倒刺或者笼子质量不过关，扎伤鸡脚等部位，导致损伤出血或者感染出血。

③维生素 B_2 缺乏：维生素 B_2 又称核黄素，缺乏维生素 B_2 可引起某些条件下的维生素 B_6 缺乏，两种维生素缺乏均可影响皮肤胶原成熟过程而导致皮肤、黏膜受损，引起皮炎，从而引起脚爪部位皮肤皲裂而出血。

④维生素 B_3 缺乏：又称烟酸缺乏症、糙皮病，是因烟酸类维生素缺乏引起，临床以皮炎、舌炎、肠炎、精神异常及周围神经炎为特征。皮肤损害由红斑开始，有烧灼和瘙痒感。随之有渗液，形成疱疹及大疱，然后结痂，色素沉着，皮肤变得粗糙并有鳞屑。鸡爪之间由于形成皮炎龟裂而出血凝固。维生素 B_1 和维生素 B_2 缺乏均可引起烟酸缺乏症的发生。

⑤生物素缺乏：生物素也称维生素 B_7 或者维生素 H，它是合成维生素 C 的

必要物质，是脂肪和蛋白质正常代谢不可或缺的物质。生物素是维持机体上皮组织健全所必需的物质。生物素缺乏时，可引起黏膜与表皮的角化。皮脂腺及汗腺角化时，皮肤干燥，发生毛囊丘疹和毛发脱落。

⑥禽淋巴细胞白血病：主要在性成熟以后开始发病，即蛋鸡产蛋以后发病，伴随整个产蛋周期鸡爪部位有肿瘤（图6–125），破溃后血流不止，不凝血，失血过多死亡。一般这种疾病发生时，不光爪子部位有瘤，鸡体其他部位都会出现瘤，一旦破溃，都可以导致出血。

图 6–125　白血病引起的鸡爪肿瘤

⑦肠道类疾病：由于细菌或寄生虫引发肠炎、肠毒综合征及其他因素引起的肠道疾病，均可以破坏肠道黏膜层，破坏肠道内环境平衡，导致肠道正常吸收功能减弱，从而导致一些必须营养物质的减少，特别是B族维生素的吸收减少。由于青年鸡生长速度快，对这些营养物质的需求量大，使鸡体出现营养素缺乏，从而引发皮炎和出现爪部皮肤开裂出血。

⑧葡萄球菌感染：鸡舍饲养密度大，设备陈旧，通风不畅，容易发生葡萄球菌病。葡萄球菌感染导致鸡爪出血的鸡群，发病比例较少，呈零星散发。

⑨霉菌污染：霉菌无处不在，饲料原料中的玉米、小麦等在田间地头已经开始霉变。饲料在加工储存过程中、在鸡舍内输送管道中、在食槽的边角处，由于高温高湿环境下极易导致霉变产生毒素。在众多的霉菌毒素中以黄曲霉毒素 B_1 毒性强、污染大。霉菌及其毒素对饲料的污染、氧化，导致饲料营养不均衡，对鸡体免疫器官、肝肾损伤大，对消化系统损伤也很严重，引起肠道内正常吸收功能减弱，从而导致体内缺乏B族维生素，加之部分霉菌及其毒素本身对爪部及皮肤的破坏作用，从而出现一系列皮炎出血等症状。

（6）诊断

①临床诊断：通过现场仔细勘察和临床实践经验分析可初步分析出可能的病因。

②实验室诊断：通过对饲料中可能缺乏的微量元素进行检测和病理病因检测，以及饲料中霉菌毒素含量检测作出具体的诊断。

（7）防治措施

①加强饲养管理，严格控制鸡群密度，控制光照时间和强度，做好鸡舍内的卫生工作，保持鸡舍空气流通。定期清理饮水系统，每天注意空槽，清理食槽。

②临床上注意甄别，一旦发现禽淋巴细胞白血病病鸡建议及时淘汰处理。

③饲料内营养物质添加必须足量均衡，结合鸡群的生长和生理阶段需求，充分考虑各种营养物质的协同和拮抗作用，搅拌均匀，保持饲料的新鲜度。

④严控原料关，注意饲料存储时间，特别是高温高湿季节应注意饲料的新鲜度，并在饲料中添加脱霉、解霉剂。

6. 鸡霉菌毒素中毒

据联合国粮农组织统计，全世界谷物平均 25% 受霉菌毒素污染，有 2% 的粮食由于霉变不能食用。饲料中霉菌毒素污染也十分普遍和严重。禽料黄曲霉毒素占感染率为 32%，单端孢霉烯族毒素 B 族感染率为 99%，伏马毒素感染率为 99%，玉米赤霉烯酮感染率为 94%。禽饲料检出的毒素少的有 2~3 种，多的有 7~8 种，呈现多种霉菌毒素联合污染的特征（图 6–126）。霉菌毒素对蛋鸡生产危害极大，会造成蛋重减轻，蛋壳质量变差，包括软壳、薄壳和破壳率增加，沙壳蛋增加，同时还会造成鸡蛋蛋白变稀呈水样化。而且霉菌毒素残留，使蛋鸡的免疫力下降，微生物污染严重，进而引起鸡蛋品质显著下降，给蛋鸡养殖户带来了巨大的损失。

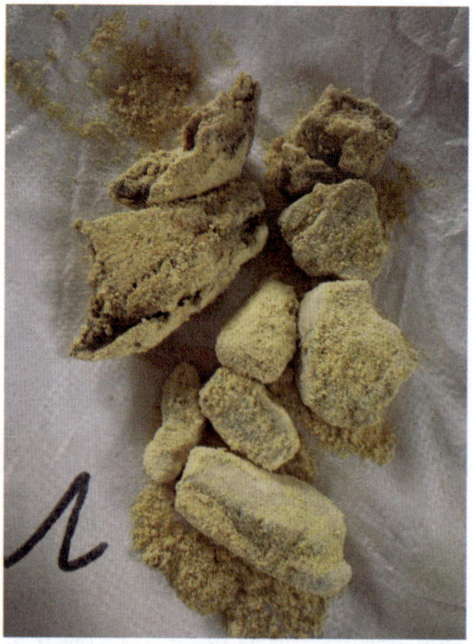

图 6–126　饲料发霉

（1）病原

霉菌毒素是由霉菌所产生的一种高毒性的次级代谢产物，主要来自镰刀菌、曲霉菌和青霉菌属。霉菌毒素在玉米、小麦、豆粕、花生粕、麸皮、米糠粕等饲料原料中均有发现（图 6–127），在生产、运输和不适当的贮藏时产生毒素，广泛蓄积于各种饲料原料中。霉菌毒素的结构、化学性质、生物学和毒理学性质存在较大差异。蛋鸡根据采食量、接触毒素时间、日龄、品种、生理状态、营养和环境等条件，对霉菌毒素毒性的耐受存在较大差异。霉菌毒素对蛋鸡毒性作用主要包括致癌性、致毒性、致畸性、肾脏毒性、肝脏毒性、繁殖紊乱和免疫抑制。蛋鸡天生就对霉菌毒素比较敏感，饲喂的饲料中含有较低的霉菌毒素就会造成蛋鸡生产性能显著下降。目前发现，对蛋鸡危害最大的霉菌毒素有黄曲霉毒素、玉米赤霉烯酮、T-2 毒素、赭曲霉毒素、烟曲霉毒素、呕吐毒素、麦角毒素。

图 6-127　玉米发霉

（2）临床症状

临床显示，不同的霉菌毒素对蛋鸡群造成的危害也有所区别。而饲料中不同种类的霉菌毒素之间存在协同作用。几种霉菌毒素协同作用对蛋鸡健康和生产性能的危害比单一的霉菌毒素危害都要大。霉菌毒素对蛋鸡的危害主要有以下几方面。

图 6-128　拉饲料样粪便

①霉菌毒素会导致蛋鸡群出现反复的拉稀，拉饲料样的粪便（图 6-128）。使用现有的抗生素效果不佳，蛋鸡群的采食量减少，体重明显下降，导致生长迟缓、软骨病和羽毛发育异常。

②霉菌毒素导致蛋鸡群产蛋量下降、蛋壳质量时好时坏，霉菌毒素造成蛋鸡肝脏受损，影响卵黄前体的合成和转运，对蛋鸡产蛋性能影响较大。

③霉菌毒素中的镰刀菌毒素和玉米赤霉烯酮，可造成蛋鸡精神沉郁、俯卧、食欲下降、鸡冠和垂肉发绀。

（3）剖检病变

①死亡鸡群剖检可见口腔溃疡，嗉囊黏膜出现局部的溃疡和发炎，发病后期出现假膜及溃疡性和增生性腺胃炎，腺胃与肌胃交界处形成溃疡，肌胃角质膜易剥离。角质膜增厚及角质膜下形成出血溃疡，肠道脆性增大，肠黏膜脱落、坏死。

②霉菌毒素低剂量长期的蓄积可引起法氏囊、胸腺和脾脏等免疫器官萎缩，诱发免疫抑制，导致多种疫苗免疫失败。

③霉菌毒素中毒还可以导致蛋鸡的肝脏出现细胞坏死，肝细胞增生。发病前期肝脏呈暗红色的充血，后期由于脂肪代谢障碍呈黄色，肝脏变硬变脆（图6–129）。胆囊黏膜由于胆小管的增生和坏死而发炎，出现胆囊脆性增大的现象（图6–130）。

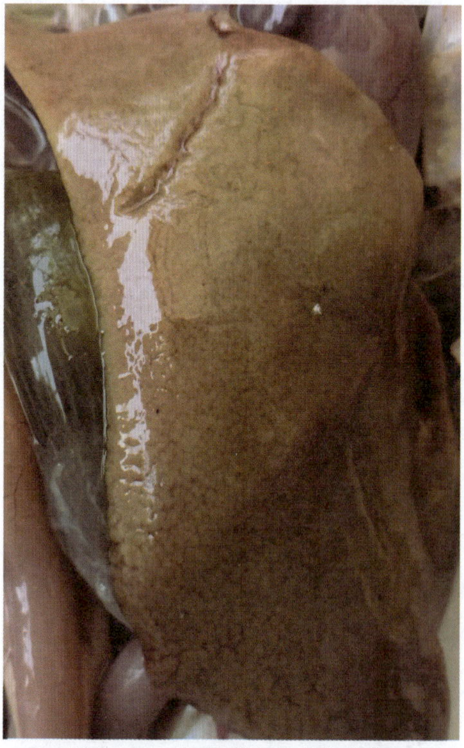

图6–129 肝脏肿大变成土黄色

④霉菌毒素对肾脏的损害表现为肾小管发生变性而阻塞，产生尿酸盐沉积。霉菌毒素还会使血管壁严重受损，心率变慢，引起血压上升，增加了心脏的负担，使腹水症多发（图6–131）。

⑤少数平养蛋鸡由于在春夏雨水多的季节垫料发霉，霉菌经呼吸道吸入，在肺部和气囊形成霉菌结节（图6–132）。

（4）防控措施

①要严格把好原料采购关，杜绝一切霉变原料入场；控制饲料仓库的温湿度，保持良好的通风条件，防止原料在储存过程中变质发霉；控制饲料加工、配制、运输等环节，严格控制饲料的储存环境，尽量缩短饲料的储存时间，防止饲料在禽舍中发霉变质，产生霉菌毒素。

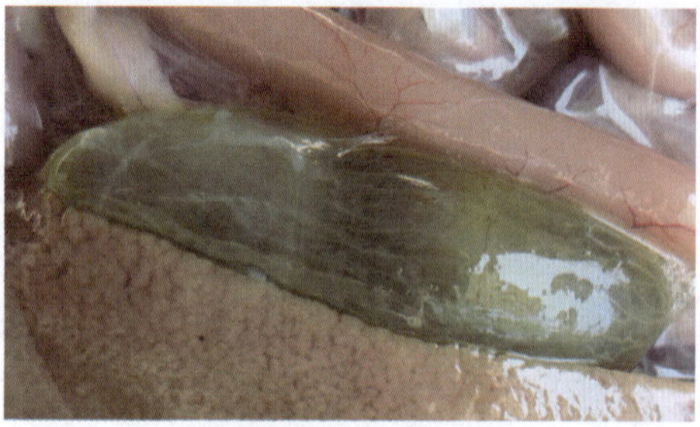

图6–130 胆囊肿大

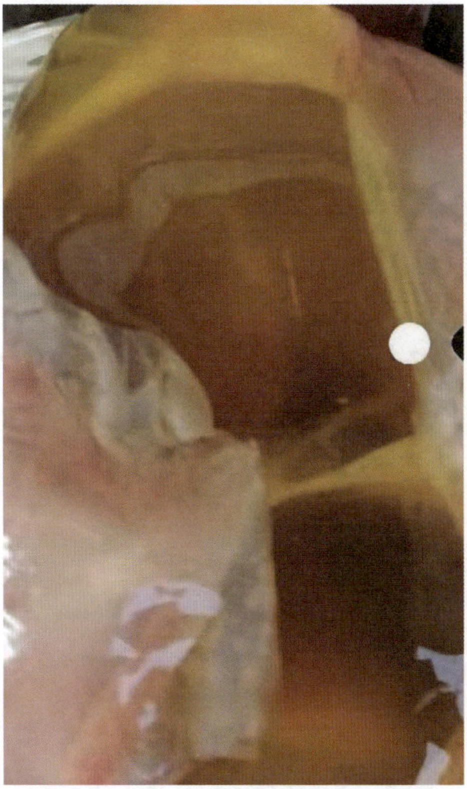

图 6-131 腹水症

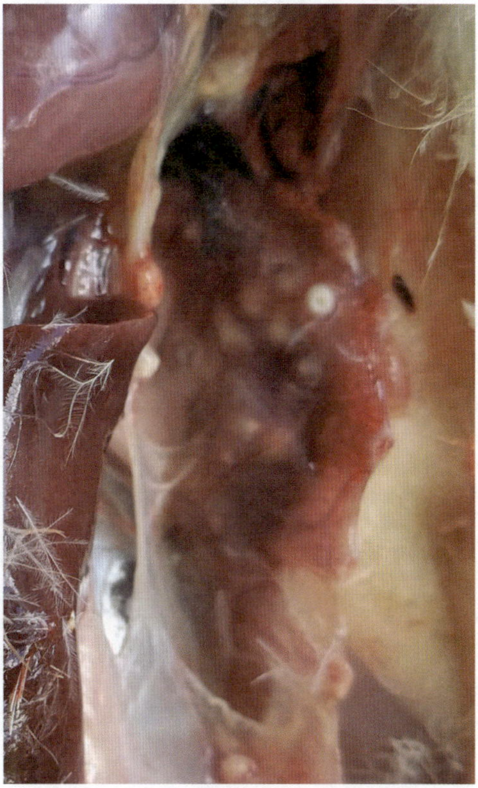

图 6-132 肺部和气囊出现霉菌结节

②在饲料中添加霉菌毒素脱霉剂，能有效吸附饲料中的毒素，降低毒素对蛋鸡的内脏器官和生产性能的影响。

7. 鸡肌腺胃炎

蛋鸡肌腺胃炎是主要发生在蛋鸡开产初期的一种传染病。病死鸡表现为软脚，大部分的死亡鸡在夜间被其他鸡踩踏而死，若及时挑选出单独隔离，可大大减少死亡率。病死鸡剖检表现为腺胃呈乳白色球状，腺胃黏膜出现溃疡并发生脱落，甚至出现腺胃穿孔（图 6-133），饲料流到腹腔内，

图 6-133 腺胃穿孔

严重时造成腹膜炎。

（1）病因

①饲料中含有生物胺类物质（如苯乙胺、腐胺、组胺、酪胺、尸胺等）。在特定的条件下组氨酸或者组胺、赖氨酸相结合生成肌胃糜烂素。蛋鸡摄入这种含有大量生物胺的有毒饲料，导致机体分泌过多的胃酸，引起腺胃溃疡、糜烂。

②霉菌毒素中的卵孢霉素能够导致腺胃、肌胃相连接的峡部环状面发生病变，使其变大，甚至发生坏死，且有假膜性渗出物在黏膜上覆盖。

③饲料中的硫酸铜浓度过高严重刺激机体胃肠黏膜，并使嗉囊及食道下部发生凝固性坏死，从而造成中毒，使胃黏膜呈淡绿色，且存在出血点，严重时还会引起肌胃糜烂。

④蛋鸡感染肌腺胃炎坏死病毒、禽网状内皮组织增生病毒、肠病毒、禽白血病毒、类细小病毒粒子、禽呼肠孤病毒、传染性支气管炎病毒、传染性法氏囊病毒、萼状病毒等，都能够导致该病的发生。

（2）发病特点

该病一年四季均可发生，蛋鸡在120~160日龄出现发病症状，导致病鸡出现软脚及少量死亡，产蛋达到高峰后病情自然消失。该病能够以飞沫的方式经由空气传播，或者由于采食污染有病菌的饮水、饲料，或者接触含有病菌的排泄物及饲养用具等，经由消化道进行传播。一般与感染鸡处于同一鸡舍的易感鸡会在48小时内出现症状。

（3）临床症状

病鸡出现精神萎靡、缩头垂尾、被毛粗乱，受到惊吓后会快速躲避，有时主羽甚至发生断裂，生长发育缓慢或者停止，体质消瘦，饲料转化率下降，排出绿色或者白色稀粪。个别病鸡还会出现软脚，病情严重衰竭死亡或被同窝鸡只踩踏而死。

（4）防治措施

①加强饲养管理，均衡饲料营养水平，主要是增加育成期饲料的粗纤维水平及维生素等水平，禁止使用发生霉变的饲料。增加胃肠动力促进肠道健康。

②添加药物如西咪替丁，促进腺胃溃疡灶的修复，使其分泌功能恢复，抑制

胃酸分泌，还对黏膜修复具有较强的作用。

③增加复合维生素的使用，特别是维生素 B_1 能够促使胃肠蠕动，使肝脏排毒功能增强，刺激消化腺分泌，从而刺激蛋鸡采食，并提高饲料转化率。

④添加广谱抗菌性的药物如阿莫西林来预防继发感染，并能够有效治疗由多种病原微生物等导致的胃肠道疾病。

8. 鸡脂肪肝病

脂肪肝出血综合征是产蛋鸡的一种营养代谢病，临床上以过度肥胖和产蛋下降为特征。该病多散发于商品鸡群的产蛋高峰期或产蛋后期，病鸡体况偏肥，其肝脏、腹腔及皮下囤积大量的脂肪。此病主要发生于笼养蛋鸡，常常因惊吓或天气变化突然发病，死亡率较高，往往伴有肝脏小血管出血，病死率高，给蛋鸡养殖业造成了较大的经济损失。

（1）病原

此病发病原理和出血的原因尚不明确，但蛋鸡发生脂肪肝综合征的因素主要包括遗传、营养、环境与管理、激素、有毒物质等。除此之外，促进性成熟的高水平雌激素也可能是该病的诱因。

（2）流行病学

由于蛋鸡合成脂肪的场所主要在肝脏，特别在产蛋期间，为了提高产蛋量，在饲料中添加的能量和蛋白较高，在雌激素的作用下，合成后的脂肪以极低密度脂蛋白（VLDL）的形式被输送到血液，经心、肺小循环进入大循环，再运往脂肪组织储存，或运往卵巢。当肝内缺少脱脂肪蛋白和合成磷脂的原料，或极低密度脂蛋白的形成机能受阻，或当血浆极低密度脂蛋白含量增高时，使肝脂输出过慢而在肝中积存形成脂肪肝。由于产蛋鸡摄入能量过多，作为在能量代谢中起关键作用的肝脏不得不最大限度地发挥作用，肝脏脂肪来源大大增加，大量的脂肪酸在肝脏合成，但是肝脏无力完全将脂肪酸通过血液运送到其他组织或在肝脏氧化，而产生脂肪代谢平衡失调，从而导致脂肪肝综合征。

（3）临床症状

此病的第一个临床症状就是死亡率增加。可发现处于产蛋高峰期和产蛋后期的蛋鸡死亡，鸡冠苍白（图 6–134）。死亡率通常一般不高于 5%，往往伴随产蛋量突然下降。病鸡体重超标，鸡冠和肉髯体积增大、苍白。此病主要发生于重型鸡和肥胖的鸡。有的鸡群发病率较高，病鸡精神萎靡，喜欢伏卧，很少运动。有些病鸡食欲下降，体温正常，粪便呈黄绿色、水样。当拥挤、驱赶、捕捉或抓提不当时，引起蛋鸡强烈挣扎，往往导致此病突然发生。重症病鸡嗜睡、瘫痪，体温 41.5~42.8℃，进而鸡冠、肉髯及脚变冷，可在数小时内死亡。

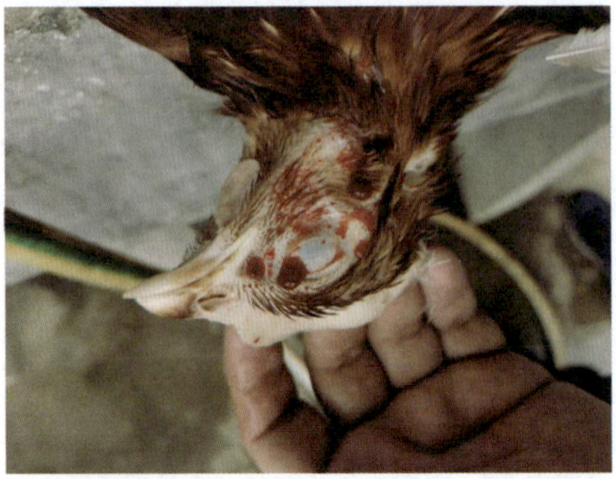

图 6–134　鸡冠苍白

（4）病理变化

①病死鸡剖检：可见腹腔内充满血块（图 6–135、图 6–136）；皮下、腹腔及肠系膜均蓄积大量的脂肪（图 6–137）；肝脏肿大，边缘钝圆，呈黄色油腻状，表面有出血点和白色坏死灶，质地极脆，手捏易破碎如泥样（图 6–138），用刀切时，在切的表面上有脂肪滴附着。有的病鸡由于肝破裂而发生内出血，肝脏表面和腹

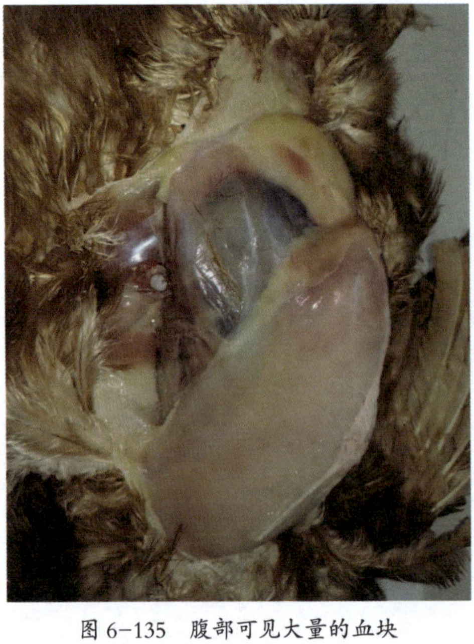

图 6–135　腹部可见大量的血块

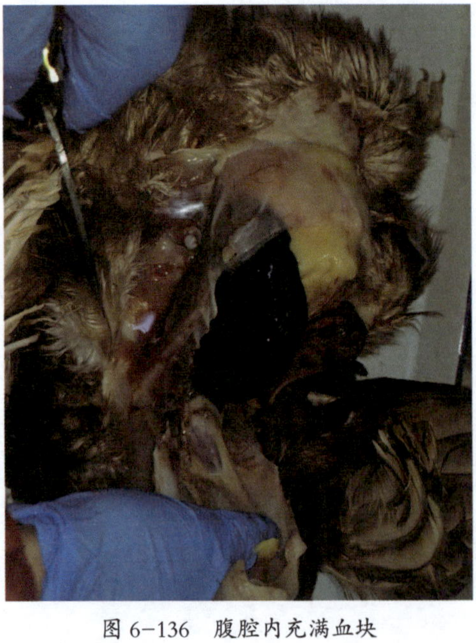

图 6–136　腹腔内充满血块

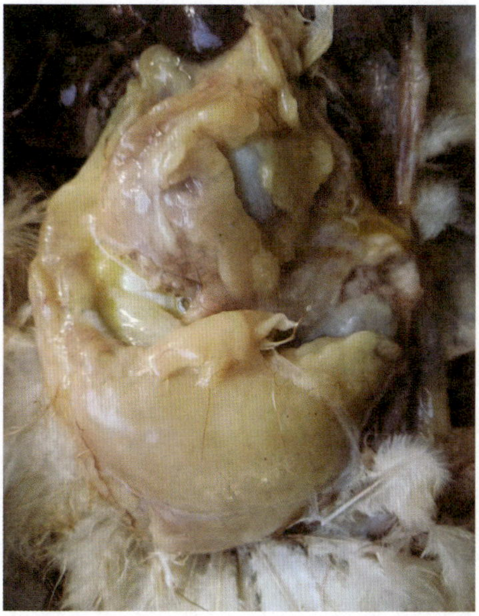

图 6-137　腹部囤积大量脂肪

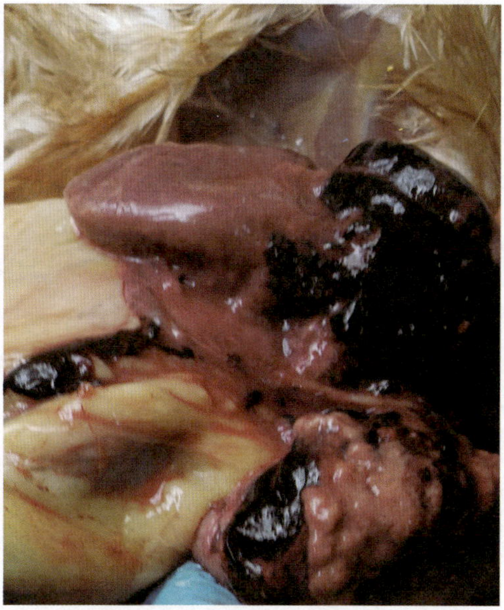

图 6-138　肝脏易碎呈泥状

腔有大小不等的血凝块（图 6-139）。腹腔内、内脏周围、肠系膜上有大量的脂肪。有的鸡心肌变性呈黄白色。有些鸡的肾略变黄，脾、心、肠道有程度不同的小出血点。当死亡鸡处于产蛋高峰状态，输卵管中常有正在发育的蛋。

图 6-139　肝脏破裂出血

②病理组织学观察：取患鸡的肝脏进行切片，在显微镜下可见肝细胞索紊乱，肝细胞肿大，胞浆内有大小不等的脂肪滴，胞核位于中央或被挤于一侧。有的见局部肝细胞坏死，周围可见单核细胞浸润，间质内也充满脂肪组织。有些区域可见小血管破裂和继发性发炎、坏死和增生。

（5）诊断

①临床诊断：根据病因、发病特点、临床症状及病理变化特征即可作出初步诊断。

②鉴别诊断：此病出现的鸡冠肉髯褪色苍白症状与鸡传染性贫血、住白细胞虫病、磺胺药物中毒、球虫病、维生素 Ba 缺乏症等类似，应注意鉴别。

（6）防治措施

①加强饲养管理，减少对鸡群的各种应激，做好鸡舍内的环境控制，避免舍内温度变化过大和空气质量变差。

②均衡饲料配方，调配好饲料中的能量和蛋白水平，并适当添加纤维素促进蛋鸡肠道蠕动，减少食糜在肠道中的停留时间。

③在饲料中添加抗应激多维，减少应激导致的死亡。还可在饲料中适当提高胆碱的添加量，改善脂肪的颜色和提高肝脏脂肪的代谢。

七、蛋鸡场生产管理

（一）蛋鸡场的生产计划管理

根据蛋鸡场的规模和发展目标有阶段性地制订生产计划。生产计划主要以年为单位制定。生产计划主要包括育雏育成鸡计划、产蛋鸡生产计划和财务计划，再根据年度计划统筹安排每个季度和每个月的生产与财务计划。

（二）人员培训管理

扫码看视频

定期组织蛋鸡养殖场的人员培训，按NY/T 2798.11—2015《无公害农产品 生产质量安全控制技术规范》（鲜禽蛋）的要求培训蛋鸡场的技术及生产管理人员，所有人员经培训考核持证上岗（图7–1）。蛋鸡场的经营管理方要定期对生产技术人员和一线的饲养人员进行无公害农产品生产质量安全控制的技术规范等相关法规和制度的培训，做到各项法规和制度落实到位（图7–2）。

图7–1　蛋鸡场员工培训资料

图 7-2 蛋鸡场员工培训

（三）蛋鸡场生产流程安排管理

蛋鸡场采取“全进全出”制，当鸡舍内的蛋鸡转群或淘汰后，鸡舍内的鸡笼、用具及设备等应彻底清扫、冲洗、消毒并空舍 14 天后待用。鸡舍内的饮水系统包括过滤器、水箱、水线和乳头等，用氯制剂等消毒药水浸泡，然后用清水冲洗干净后待用。

（四）鸡舍的日常工作管理

1. 育雏舍日常管理

在雏鸡到场前 2 天，要给育雏舍加温，使温度达到 33~35℃，然后将饮水器灌满水，水中可加 5% 的红糖。雏鸡到来后，先供饮水，2 小时后开始喂料。育雏鸡舍内第 1 周温度要保持在 33~35℃，以后每周可下降 2~3℃。21 日龄以后温度控制与舍外温度相当，但是在冬春寒冷季节育雏鸡舍温度应不低于 28℃，且日夜温差变化要控制在 2℃内。

2. 温度管理

蛋鸡的生长和生产性能跟鸡舍内的温度密切相关。温度过高采食量下降，生长和生产性能下降；温度过低采食量增加，料比升高，经济效益降低。因此，在蛋鸡不同生长阶段温度的管理相当重要。开放和半开放的鸡舍要密切关注鸡群的活动并做好保温和通风工作；全封闭的鸡舍要控制好日夜温差，日夜间的温差不超过5℃，为防止温度感应器失灵造成温度控制不当，建议在每个感温器上加装吊挂式的温度计，便于生产技术人员观察鸡舍内的温度。

3. 通风管理

要确保鸡舍内新鲜空气的流动，除去鸡舍内有毒有害气体，故要加强鸡舍内的通风。冬季使用煤炉取暖，要防止一氧化碳中毒。通风要做到循序渐进，窗户在早、晚凉时小敞，中午热时大敞；有风时小敞，无风时大敞。蛋鸡育雏和育成阶段要做到以保温为主，兼顾通风；产蛋阶段以通风为主，兼顾保温。

4. 湿度控制管理

鸡舍内最适宜的湿度应控制在60%~65%，当鸡舍内空气过度干燥时，要通过喷雾消毒增加湿度；当鸡舍内湿度过高时，要加大通风降低湿度。在增加和降低湿度的同时要控制好鸡舍内的温度。

5. 饮水管理

在过去抗生素使用泛滥时，蛋鸡场的饮水管理常常被忽视。只要鸡群出现肠道问题就添加抗生素。近年来，由于国家对蛋鸡生产过程中抗生素的使用进行严格规范和控制，鸡场的饮水卫生得到重视，鸡场在水源区通过加装过滤系统以保证水源的清洁卫生。鸡场内的饮水质量定期检测，加强对鸡场内饮水管道、水箱、水线和乳头的定期冲洗消毒，保证鸡群的饮水健康，减少抗生素的使用。

6. 光照控制

鸡场的技术人员要定期对各生产阶段鸡舍内的光照系统进行检查和检测，及时更换损坏的灯泡以保证光照均匀。

（五）饲料投喂管理

鸡场内使用的饲料要确保符合NY/T 2798.11—2015《无公害农产品 生产质量安全控制技术规范》的要求，禁止额外添加药物或药物饲料添加剂。蛋鸡在育雏和育成阶段使用的保健药物，必须在 NY/T 2798.11—2015《无公害农产品 生产质量安全控制技术规范》中允许的药品中选择，并严格遵循停药和休药期。在产蛋期内，禁止使用任何抗生素，可使用中药、酸制剂、有益菌等预防和提高鸡群的抗病力。鸡群的喂料要确保饲料新鲜、卫生。饲养人员日常要随时清除散落的饲料和喂料系统中的剩料，不得给鸡群饲喂发霉、变质的饲料（图 7–3）。

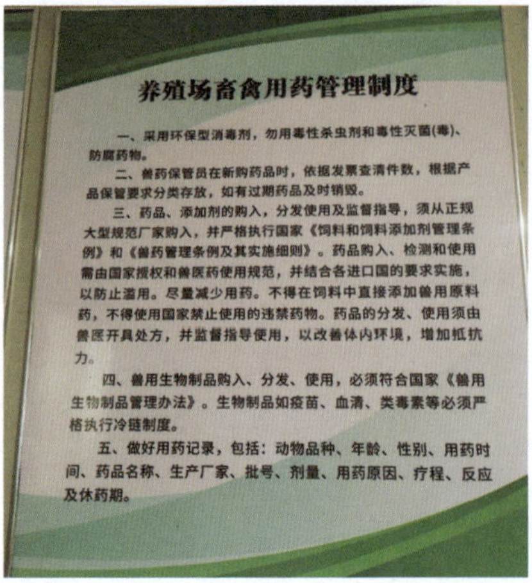

图 7–3　蛋鸡场用药管理制度

（六）日常工作管理

饲养管理人员每天要例行“六查一处”：一查卫生，看鸡舍内外卫生情况；二查通风，看鸡场内通风状况和检测风速；三查消毒，检查消毒池和消毒盆中的消毒液，以免过期失效；四查鸡群动态，看鸡群的精神、采食等是否正常；五查喂料，看饲料新鲜度和剩料情况等；六查产蛋，检查蛋的大小、色泽及蛋壳的质量等；一处，就是及时对病死鸡、淘汰鸡等进行无害化处理（图 7–4）。

扫码看视频

图 7–4　日常巡查鸡群

（七）病死鸡处理

当蛋鸡场发生疫病或疑似疫病时，要依据《动物防疫法》采取以下措施：及时通报官方兽医确诊，并按规定向所在地区动物防疫监督机构报告疫情，如确诊发生高致病性疫病时，要配合动物防疫监督机构，对鸡群实施严格的隔离和扑杀；发生新城疫、禽白血病等疫病时，要对鸡群实施清群和净化；其病死鸡或淘汰鸡的尸体等在官方兽医监督下，按 GB 16548—1996《畜禽病害肉及其产品无害化处理规程》的要求做无害化处理，并对鸡舍及相关场地、用具等进行严格的消毒。

扫码看视频

（八）疾病治疗处置

鸡群发生疾病需进行治疗时，应在兽医技术人员指导下，选用符合《无公害食品 蛋鸡饲养兽药使用准则》中所规定的治疗用药。特别在蛋鸡产蛋期内，不得随意或加大剂量用药，避免造成药物残留或超标，影响鸡蛋产品的质量安全（图 7–5）。

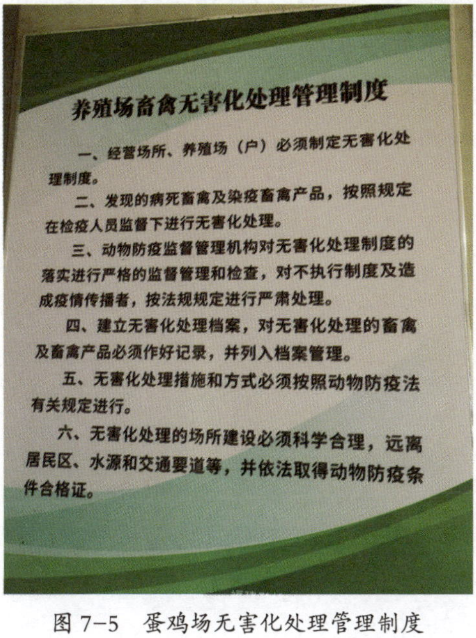

图 7–5　蛋鸡场无害化处理管理制度

（九）淘汰蛋鸡销售

淘汰蛋鸡在出售前6小时停喂饲料，并向当地动物防疫监督机构申报办理产地检疫，凭《产地检疫证》流通上市交易；跨境运送活禽需凭《动物检疫证明》和《运载工具消毒证明》运输。

（十）日常记录管理

蛋鸡养殖场要建立完善的档案记录制度，对蛋鸡的进场日期、进雏数量，鸡苗的来源、品种，生产性能，饲养员每日的生产记录，如日期、日龄、死亡数、死亡原因、存笼数、温度、湿度、防检疫、免疫、消毒、用药等，饲料及添加剂名称，喂料量，鸡群健康状况，产蛋日期、数量、质量，出售日期、数量和购买单位等全程情况（数据），及时准确地记入档案中。记录的档案要统一存档保存两年以上。

（十一）员工的福利待遇

蛋鸡养殖场所处的地理位置相对偏僻，员工在生活和娱乐方面相对枯燥。适当提高员工福利待遇，不仅可以稳定员工，还可以使员工在工作中更加用心、负责。定期开展娱乐活动，有利于提高员工的身心健康，另外还可增加员工之间的交流，增进相互间的感情，减少负面情绪的产生，影响生产效率。

八、智能化设备与鸡蛋可追溯系统的应用

智能化蛋鸡养殖管理系统和鸡蛋可追溯系统，就是运用人工智能物联网和大数据技术，把养殖场配套的自动化设备和鸡蛋可追溯系统与互联网联网，自动精准采集蛋鸡生产过程中的各项环境指标数据、耗料数据、饮水数据、个体重量数据及鸡蛋喷码等，实现蛋鸡养殖生产过程中的智能化管理。这套智能化管理系统能做到有效预防疾病、降低生产成本，节约人工费用，可作为规模化、现代化养殖生产和鸡蛋可追溯运营中的科学管理工具，并挖掘环境调控、饲料、饮水、生命体征等情报，实现蛋鸡产业系统的增值。整套智能化系统可提供各种样式的管理模块实现提高产量，提升蛋鸡养殖效率，规范蛋鸡养殖标准，收集养殖信息，实现鸡蛋可追溯，赋能蛋鸡养殖企业价值提升。

（一）环境智能调控系统的应用

智能调控蛋鸡舍内环境设备，自动采集记录鸡舍内环境温湿度、二氧化碳和氨气浓度、光照强度等数据，可对环境数据指标异常告警、数据统计分析。蛋鸡舍内的环境质量是决定蛋鸡健康生长的重要因素，蛋鸡高密度的饲养模式使得环境问题尤为突出。鸡舍内的环控系统通过控制通风设备、采暖设备、降温设备、加湿设备、光照设备，对温度、湿度、光照等环境进行调节，使养殖企业实现对环控设备远程控制和设备运行状态远程监控，并对鸡舍环境异常、设备运行异常、断电情况实时智能告警，以保证鸡舍内氧气充足、温度适宜、光照良好，实现精准调控，节能高效（图 8–1、图 8–2）。

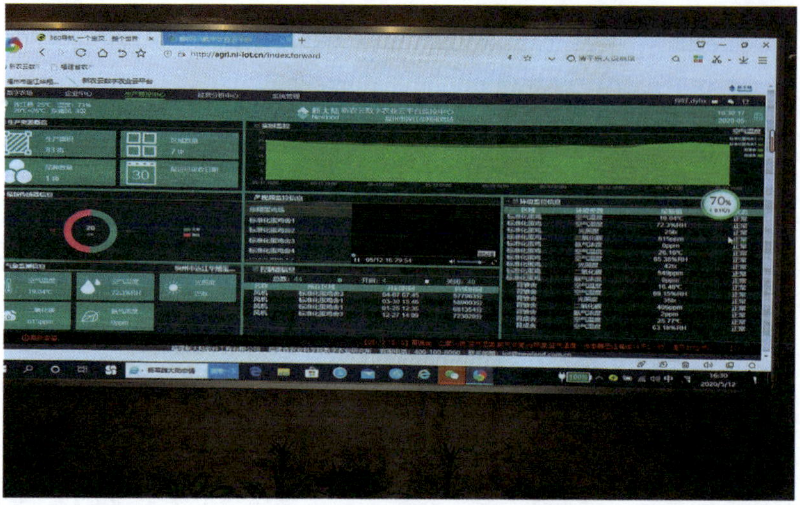

图 8-1　鸡舍内环境智能调控

图 8-2　鸡舍内环境实时监控

（二）智能采食控制系统的应用

此控制系统可对鸡舍日耗料数据进行自动采集、统计、分析，对料塔存料实时监测，缺料智能提醒。其误差 0.3%（图 8-3）。

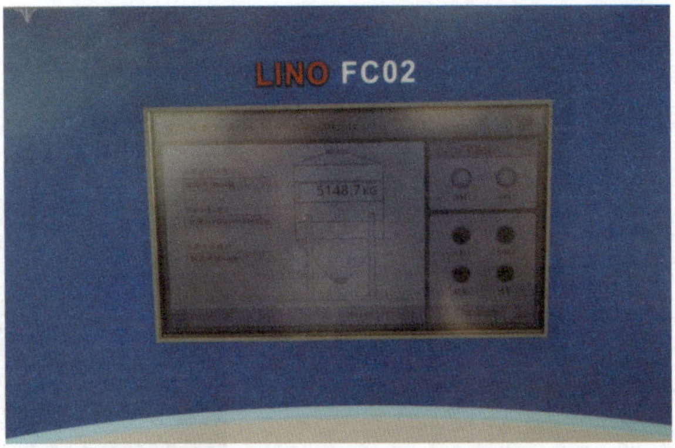

图 8-3　日耗料量检测

（三）个体重量智能控制系统的应用

此控制系统可对蛋鸡个体重量自动采集、统计分析；对平均体重、日增重、均匀度、增重预测；适用任何品种，24 小时自动采集。体重是鸡群生长状况最直观的体现，是直接检测鸡群发育好坏的硬指标，与鸡群的生产性能密切相关，贯穿养殖和销售全过程。智能鸡称实现精准、及时掌握鸡群体重的目的。

（四）饮水智能控制系统的应用

此控制系统可对蛋鸡饮水数据自动采集、统计、分析，饮水量异常、缺水提醒报警（图 8-4）。系统配套免反冲洗装置，通过对水独特的高电流、低电压直流电化学电解电离处理，高效过滤去除水源中的悬浮物、细菌、病毒、有机物胶体等有害物质，同时保留对蛋鸡有益的微量元素。在灭菌、消除管壁上的生物膜方面，克服了行业内使用杀菌消毒药物造成的含氯化学药物残留和二次环境污染。同时对水小分子团活化处理，增加水中氧气含量，降低水的渗透压，更利于维生素、营养物质和药剂的溶解、运输和机体吸收，进

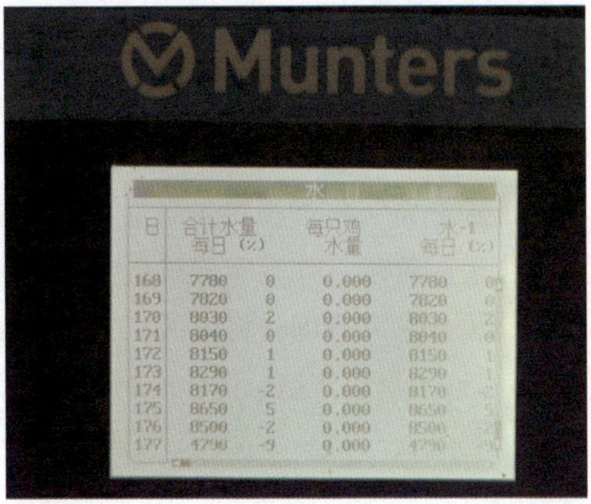

图 8-4　鸡群饮水量监测控制

而降低了蛋料比，增加经济效益。

（五）日常生产管理控制系统的应用

此控制系统可对日常生产任务预设、提醒，生产任务记录、追踪，提供用药管理、物资管理、防疫管理、成本分析等相关的应用。机器人定期对鸡群进行巡查，发现病死鸡和鸡群异常行为，记录并及时发出预警（图 8-5）。

扫码看视频

图 8-5　机器人日常巡查

（六）智能光照控制系统的应用

此控制系统可智能调控蛋鸡光照强度、光照时间、光谱，使蛋鸡获得最佳的生长环境，降低料蛋比，直接提高生产效益。照明系统根据蛋鸡的不同日龄对光照亮度、时长、光谱颜色的需求，智能模拟光照强度、光照时长、调节光谱颜色，改善光照环境，提高蛋鸡自身的免疫功能，从而实现蛋鸡达到最佳的生长状态，实现增产增收，降低饲养成本。

（七）鸡蛋可追溯控制系统的应用

此控制系统将加强鸡蛋质量安全追溯能力建设，强化鸡蛋质量安全追溯管理工作，实现鸡蛋生产记录可存储、产品流向可追踪、储运信息可查询；将鸡蛋从生产到加工直至销售等全过程结合起来，逐步形成产销一体化的鸡蛋质量安全追溯信息网络系统，建立了鸡蛋安全信息数据库，一旦发现问题就能够根据溯源进行有效的控制和召回，从源头上保障消费者的合法权益。

扫码看视频

控制流程主要为清洗—高效风干—喷油覆膜—紫外杀菌—裂纹探测—喷码溯源—鸡蛋分拣—包装装箱—打垛入库。鸡蛋追溯环节流水作业完成，蛋体编码如实标注产品名称、生产日期和个体代码，例如：某品牌鸡蛋 2022/01/01/B12345，是指 2022 年 1 月 1 日生产，个体代码为 B12345。个体代码在鸡蛋包装时由质检员根据鸡场的具体情况而定，但要与网上公布的信息相一致（图 8-6 至图 8-13）。

图 8-6　鸡蛋清洗

图 8-7　鸡蛋高效风干

图 8-8　鸡蛋喷油覆膜

图 8-9　鸡蛋紫外杀菌

图 8-10　鸡蛋裂纹探测

图 8-11　鸡蛋喷码溯源

图 8-12　鸡蛋分拣包装

图 8-13　鸡蛋包装

鸡蛋可追溯控制系统在鸡蛋食品物流的各个环节建立起食品安全的标准和标志体系，实现对供应链各个环节的正确标志，增强鸡蛋产品来源的可靠性和信息可追溯性。消费者可以通过超市终端或食品安全追溯官方网站对鸡蛋的生产、加工、运输等情况进行查询。

扫码看视频

九、蛋鸡场环保设施建设

蛋鸡场环保设施主要有鸡粪处理设施、臭味处理设施、病死鸡处理设施、污水处理设施、医疗废弃物处理设施，以及其他生活垃圾处理设施。

（一）鸡粪处理设施

由于蛋鸡消化道生理功能的原因，蛋鸡鸡粪的营养丰富。鸡粪中含有干物质、粗蛋白、粗纤维、消化性蛋白、无氮萃取物、磷和钙、组氨酸、蛋氨酸、亮氨酸、赖氨酸、苯丙氨酸。经过合理处理，鸡粪可作为绿色有机肥。作为土壤肥料，鸡粪的肥效高于猪粪和牛粪。目前鸡粪处理的方法主要有 3 种：发酵罐发酵法、自然晾晒法和发酵池生物发酵法。

1. 发酵罐发酵法

扫码看视频

在土地资源紧张的蛋鸡场一般利用有机肥发酵罐发酵鸡粪，实现资源循环利用和可持续发展。该方法操作方便，易于推广。鸡粪发酵罐适应性广，南北均可使用，不受温度影响。即便在北方寒冷地区，由于鸡粪有机肥发酵罐的密封性好，冬天也可以照常发酵。利用鸡粪发酵罐可以快速地将鸡粪发酵成有机肥，解决了鸡粪污染问题，实现了鸡场污染物的零排放。但是发酵后的鸡粪肥力相对较差，市场价格低，且耗电量较大（图 9–1）。

图 9–1　发酵罐发酵处理鸡粪

2. 自然晾晒法

选用这种方法处理鸡粪，首先鸡场的地理位置要足够偏僻，不影响周围的居民；其次鸡场的场地要足够大，可建设阳光棚。自然晾晒的鸡粪肥力高、价格高，但人工费用高、晾晒周期长、鸡粪的臭味大、苍蝇多。规模大的蛋鸡场无法采用这种方法处理鸡粪（图 9–2）。

图 9–2　自然晾晒处理鸡粪

3. 发酵池生物发酵法

此法是通过鸡粪、发酵辅料和发酵菌共同作用,生产鸡粪有机肥。但需要一定的土地建设发酵池，对发酵池的池壁坚固度有一定的要求，另外在运行时要注重翻料车的保养与维护。此法发酵后的有机肥肥力比自然晾晒的肥力低，比发酵罐发酵的肥力高（图 9–3）。

扫码看视频

图 9–3　生物发酵处理鸡粪

（二）臭味处理设施

在蛋鸡养殖过程中，鸡粪排出体外后容易发酵产生氨气（NH_3）、硫化氢（H_2S）、粪臭素等臭味气体。这些气体通过鸡舍的风机排出鸡舍，经大气稀释后扩散到周边。在夏秋季气压较低、通风不良的地区，方圆 2 千米都可闻到臭味，影响周围的村庄。可在蛋鸡舍的出风端设置多级排气除臭装置，通过鸡舍内原有的负压风机将空气抽出，排风收集后通过三级过滤装置将净化后的气体排出。除臭装置通过生物过滤将臭气脱除，减少了臭气的排出。潘爱銮等设计了一种具有空气降尘除臭功能的禽舍，通过配套的臭气处理设备吸附臭气，同时降低排出鸡舍外的粉尘含量。以上各类除臭配套设施，不仅有效杜绝了臭气排放到外界空气中污染空气，而且在排气清洁的同时还能防止畜禽疾病的传播，更具生态效益（图 9–4）。

图 9–4　三级除臭处理臭气

（三）病死鸡处理设施

目前各地普遍采用的病死畜禽无害化处理主要技术可归纳为：焚烧法、发酵法、深埋法、无害化尸体处理法。

1. 焚烧法

焚烧炉焚烧法是最安全、彻底的处理方法，即将动物尸体投入焚烧炉中，经过700~1100℃的高温焚烧为灰烬，以达到杀灭病原微生物，实现减量化、无害化的目的。尸体在燃烧过程中会产生大量的灰尘、一氧化碳、氮氧化物、酸性气体等污染物，因此焚烧炉需配有烟气净化系统，将这些污染物处理后方可排放。焚烧炉选址应远离公共场所、居民住宅区、村庄、动物饲养和屠宰场所、建筑物、易燃物品，周围要有足够的防火带，并且要位于主导风向的下方。

2. 发酵法

发酵法是将病死的蛋鸡尸体投入指定的发酵池内，利用微生物将尸体发酵降解，以达到无害化处理的目的。发酵池必须在符合防疫规范的地点，挖一定深度的坑，砌上砖墙，水泥顶盖密封，留一投料口，投加微生物菌剂让动物尸体在池内腐烂化解。该方法占用土地，处理不当可能造成土壤及地下水的污染。

3. 深埋法

深埋法主要在重大疫情发生时采用。此法是根据病死畜禽的数量来决定挖坑的大小，并在坑底铺上2~5厘米厚的生石灰或其他固体消毒剂，再堆上尸体，最后再盖上泥土压实，在掩埋处做好警示标志。掩埋地应远离学校、公共场所、居民住宅区、村庄、动物饲养和屠宰场所、饮用水源地、河流等。此方法适用于地下水位低的地区，以防造成地下水污染。养殖场主要在生产区下风向的偏僻处进行深埋处理。

4. 无害化尸体处理法

通过整合尸体分切、绞碎、发酵等功能，将蛋鸡尸体在特定的机器里快速生物降解处理为有机肥原料。无害化尸体处理机具有高效、操作简单、环保无污染的特点，处理过程一般包括分切、绞碎、发酵、杀菌和干燥5个步骤（图9–5、图9–6）。

图 9–5 无害化尸体处理机

图 9–6 生物发酵无害化处理尸体

（四）污水处理设施

蛋鸡场污水的主要来源：家禽的生理特点是尿液随鸡粪排出，所以蛋鸡粪便含水率高，一般为 80%~85%，且随着饮水量的增加而升高；蛋鸡饮水时滴漏的水，一般滴漏在鸡粪传送带上，随鸡粪带出鸡舍；鸡舍清栏后清洗消毒产生的污水。因此，蛋鸡场所产生的污水较少，通过污水处理后就可排出鸡场。

（五）医疗废弃物处理设施

医疗废弃物主要是鸡场兽医人员在免疫接种、注射、样本采集时产生的废弃物，引发感染性疾病传播危险的感染性废物，诊疗过程中产生的诊疗废物及其他相关活动中产生的具有直接或间接感染性、毒病死鸡尸体等病理性废物，能够刺伤或者割伤人体的锐器等损伤性废物，过期、淘汰、变质或者被污染的药品等药物性废物，以及其他危害性的废物。对此类医疗废物进行安全管理、安全处置，可防止意外事故的发生，有效防止疾病传播。对该类的废弃物主要采用焚烧法处理，焚烧后的灰烬深埋（图 9–7）。

图 9-7　医疗垃圾焚烧处理

（六）生活垃圾处理设施

对生活垃圾源头减量，严格限制不可回收或对环境高风险的生活物品进入。场内设置垃圾固定收集点，明确标志，分类放置。垃圾收集、贮存、运输及处置等过程应防止流失及渗漏。生活垃圾按照国家法律法规及技术规范进行焚烧、深埋或由地方政府统一收集处理。

附录

一、蛋鸡免疫程序

日龄	疫苗名称	剂量	用法	备注
1 日龄	鸡马立克病活疫苗	1 羽份	皮下注射	选用液氮苗
7 日龄	鸡新城疫、传染性支气管炎二联活疫苗（$L\text{–}H_{120}$）	2 羽份	气雾、滴鼻或饮水	
11 日龄	鸡传染性法氏囊病活疫苗	3 羽份	滴嘴或饮水	
14 日龄	鸡痘活疫苗	1~2 羽份	无毛处皮肤刺种	
	禽流感病毒（H_5+H_7）二价灭活疫苗	0.4~0.5 毫升	肌内注射	
18 日龄	鸡新城疫、传染性支气管炎、H_9 亚型禽流感三联灭活疫苗	0.3~0.5 毫升	肌内注射	
20 日龄	鸡传染性法氏囊病活疫苗	3 羽份	滴嘴或饮水	
30 日龄	禽流感病毒（H_5+H_7）二价灭活疫苗	0.5~0.7 毫升	肌内注射	
35 日龄	鸡传染性喉气管炎活疫苗	1 羽份	点眼、涂肛、饮水	选择使用
55 日龄	鸡新城疫、传染性支气管炎二联活疫苗（$L\text{–}H_{52}$）	3 羽份	饮水	
100 日龄	鸡传染性鼻炎灭活疫苗	0.5~0.7 毫升	肌内注射	
110 日龄	鸡新城疫、传染性支气管炎、减蛋综合征三联灭活疫苗	0.6~0.8 毫升	肌内注射	
115 日龄	禽流感病毒（H_5+H_7）二价灭活疫苗	0.8~1.0 毫升	肌内注射	
120 日龄	H_9 亚型禽流感灭活疫苗	0.7 毫升	肌内注射	
250 日龄	禽流感病毒（H_5+H_7）二价灭活疫苗	0.8~1.0 毫升	肌内注射	

注：本程序由福建省农业科学院畜禽疾病诊疗中心提供（仅供参考）。

二、蛋鸡保健程序

日龄	预防疾病	药物及使用方法
1~5 日龄	预防雏鸡白痢、鸡大肠杆菌病、鸡卵黄性腹膜炎、雏鸡脐炎、鸡支原体病等垂直传播性疾病；增强雏鸡的抗疾病和抗应激能力，促进雏鸡的健康生长	每吨饲料加 10% 氟苯尼考 1 千克 +10% 恩诺沙星 1 千克 + 维生素 1 千克（连续使用 3~5 天）
15~20 日龄	预防鸡球虫病、鸡坏死性肠炎	地克珠利 + 磺胺氯吡嗪钠，盐酸氨丙啉 + 磺胺喹噁啉钠（在球虫病发生时避免添加多种维生素）
20~30 日龄	此阶段为鸡新城疫、禽流感、鸡传染性法氏囊病、鸡肾型传支、鸡支原体病等疾病多发期，应做好疫苗和药物预防工作。夏末初秋还应做好鸡痘的预防工作	
30~70 日龄	预防鸡球虫病、鸡坏死性肠炎	地克珠利 + 磺胺氯吡嗪钠，盐酸氨丙啉 + 磺胺喹噁啉钠
70~90 日龄	此阶段为鸡新城疫、鸡支原体病、鸡肠道疾病多发期，同时进行第三次球虫预防	
90~110 日龄	这段时间为生殖系统发育的关键时期，注意预防开产前绦虫病	
130~150 日龄	产蛋率超过 15% 后逐步更换为产蛋高峰期饲料，这时易引起拉水样稀粪	双葛止泻口服液
产蛋期疾病预防重点： ①新开产母鸡产蛋率在 10%、50%、85%~90% 时，用“卵管舒”拌料，预防、消除输卵管炎症，连用 5~7 天；同时每吨饲料用“鲨能宝”5 千克，拌料，连续饲喂 5~7 天，可补充营养，修复输卵管黏膜。 ②进入产蛋高峰后，要及时补充营养，定期对蛋鸡生殖系统进行消炎。每 3 吨水使用“卵管舒”配合“鲨维金”1 升饮水，连用 5~7 天。 ③定期添加“卵管舒”，提高蛋鸡机体的产蛋性能，延长产蛋高峰期。 ④每月定期用“黄连解毒散”“清瘟解毒口服液”“双葛止泻口服液”5~7 天，提高机体免疫力和抗应激能力，预防新城疫等病毒性疾病和肠道疾病的发生。		

三、蛋鸡常用抗生素休药期

兽药名称	产品名称	参考来源	休药期 / 日
杆菌肽	杆菌肽锌预混剂	中国兽药典	0
	亚甲基水杨酸杆菌肽预混剂	农业农村部公告	0
	亚甲基水杨酸杆菌肽可溶性粉	农业农村部公告	0
黄霉素	黄霉素预混剂	兽药质量标准	0
沙拉沙星	沙拉沙星可溶性粉	兽药质量标准	0
大观霉素	盐酸大观霉素盐酸林可霉素可溶性粉	中国兽药典	0
阿维拉霉素	阿维拉霉素预混剂	农业农村部公告	0
头孢噻呋	注射用头孢噻呋钠	中国兽药典	0
二氟沙星	盐酸二氟沙星粉	兽药质量标准	1
	盐酸二氟沙星溶液	兽药质量标准	1
泰乐菌素	酒石酸泰乐菌素可溶性粉	中国兽药典	1
维吉尼亚霉素	维吉尼亚霉素预混剂	农业农村部公告	1
磺胺嘧啶	复方磺胺嘧啶混悬液	兽药质量标准	1
氟甲喹	氟甲喹可溶性粉	兽药质量标准	2
磺胺氯达嗪	复方磺胺氯达嗪粉	中国兽药典	2
红霉素	硫氰酸红霉素可溶性粉	中国兽药典	3
四环素	四环素片	兽药质量标准	4
土霉素	盐酸土霉素可溶性粉	兽药质量标准	5
	土霉素钙预混剂	兽药质量标准	7
林可霉素	盐酸大观霉素可溶性粉	中国兽药典	5
	盐酸大观霉素预混剂	农业农村部公告	5
硫酸新霉素	硫酸新霉素可溶性粉	中国兽药典	5
吉他霉素	吉他霉素片	中国兽药典	7
	吉他霉素预混剂	中国兽药典	7
	吉他霉素可溶性粉	中国兽药典	7

续表

兽药名称	产品名称	参考来源	休药期 / 日
安普霉素	硫酸安普霉素可溶性粉	中国兽药典	7
那西肽	那西肽预混剂	兽药质量标准	7
阿莫西林	阿莫西林可溶性粉	中国兽药典	7
	阿莫西林硫酸黏杆菌素可溶性粉	农业农村部公告	8
阿莫西林 + 克拉维酸	复方阿莫西林粉	兽药质量标准	7
金霉素	金霉素预混剂	兽药质量标准	7
	盐酸金霉素可溶性粉	兽药质量标准	7
恩拉霉素	恩拉霉素预混剂	农业农村部公告	7
氨苄西林	氨苄西林可溶性粉	兽药质量标准	7
	氨苄西林钠可溶性粉	兽药质量标准	7
氨苄西林 + 海他西林	复方氨苄西林粉	兽药质量标准	7
黏菌素	硫酸黏菌素可溶性粉	中国兽药典	7
	硫酸黏菌素预混剂（发酵）	兽药质量标准	7
	硫酸黏菌素预混剂	兽药质量标准	7
恩诺沙星	恩诺沙星片	中国兽药典	8
	恩诺沙星可溶性粉	兽药质量标准	8
	恩诺沙星溶液	中国兽药典	8
	恩诺沙星混悬液	农业农村部公告	8
	盐酸恩诺沙星可溶性粉	兽药质量标准	11
环丙沙星	乳酸环丙沙星可溶性粉	兽药质量标准	8
	盐酸环丙沙星可溶性粉	兽药质量标准	28
替米考星	替米考星可溶性粉	兽药质量标准	10
	替米考星溶液	中国兽药典	12
	磷酸替米考星可溶性粉	农业农村部公告	15

续表

兽药名称	产品名称	参考来源	休药期 / 日
磺胺二甲嘧啶	复方磺胺二甲嘧啶钠可溶性粉	兽药质量标准	10
	磺胺二甲嘧啶片	中国兽药典	10
磺胺对甲氧嘧啶	磺胺对甲氧嘧啶二甲氧苄啶预混剂	兽药质量标准	10
喹烯酮	喹烯酮预混剂	兽药质量标准	14
磺胺甲噁唑	磺胺甲噁唑可溶性粉	兽药质量标准	28
磺胺脒	磺胺脒片	中国兽药典	28
磺胺间甲氧嘧啶	磺胺间甲氧嘧啶钠可溶性粉	兽药质量标准	28
	复方磺胺间甲氧嘧啶预混剂	兽药质量标准	28
	复方磺胺间甲氧嘧啶钠粉	兽药质量标准	28
	复方磺胺间甲氧嘧啶钠溶液	兽药质量标准	28
	磺胺间甲氧嘧啶预混剂	兽药质量标准	28
	复方磺胺间甲氧嘧啶可溶性粉	兽药质量标准	28
卡那霉素	单硫酸卡那霉素可溶性粉	兽药质量标准	28
甲砜霉素	甲砜霉素可溶性粉	兽药质量标准	28
	甲砜霉素颗粒	兽药质量标准	28
	氟苯尼考可溶性粉	农业农村部公告	5
	氟苯尼考注射液	农业农村部公告	28
庆大霉素	硫酸庆大霉素可溶性粉	兽药质量标准	28
泰乐菌素	酒石酸泰乐菌素磺胺二甲嘧啶可溶性粉	兽药质量标准	28
多西环素	盐酸多西环素可溶性粉	中国兽药典	28
庆大—小诺霉素	硫酸庆大—小诺霉素注射液	兽药质量标准	40
地克珠利	地克珠利预混剂	农业农村部公告	5
	地克珠利溶液	农业农村部公告	5
地美硝唑	地美硝唑预混剂	中国兽药典	28

注：蛋鸡产蛋期内禁止使用抗生素。

四、部分蛋鸡胫长和体重标准

周龄	京红		京粉		海兰灰		海兰褐	
	体重 / 克	胫长 / 毫米	体重 / 克	胫长 / 毫米	体重 / 克	胫长 / 毫米	体重 / 克	胫长 / 毫米
1	75	36	70	36	75	36	70	36
2	125	43	115	43	125	43	115	43
3	180	50	170	50	190	51	180	50
4	270	57	270	57	280	58	270	57
5	370	63	360	63	370	65	360	63
6	470	71	460	71	470	72	460	71
7	570	77	550	77	570	77	560	77
8	680	83	660	83	690	83	670	83
9	790	88	760	88	790	88	780	88
10	900	92	850	92	900	92	890	92
11	980	96	940	96	990	96	990	96
12	1080	98	1020	98	1100	99	1080	98
13	1170	100	1100	100	1170	101	1160	100
14	1240	102	1170	101	1240	103	1230	101
15	1290	103	1240	102	1300	104	1290	102
16	1370	104	1320	103	1370	104	1360	103
17	1430	105	1400	103	1440	105	1420	103
18	1510	105	1460	103	1520	105	1500	103
19	1530	105	1500	103	1540	105	1510	103

注：由于各蛋鸡品种不断改良，此表仅供参考。

参考文献

［1］江斌，陈少莺，吴胜会．鸡病诊治图谱［M］．福州：福建科学技术出版社，2021.

［2］朱庆．蛋鸡标准化规模养殖图册［M］．北京：中国农业出版社，2019.

［3］黄仁录，郑长山．蛋鸡标准化规模养殖图册［M］．北京：中国农业出版社，2011.

［4］Bestman M. 蛋鸡的信号［M］．马闯，马海艳，译．北京：中国农业科学技术出版社，2014.

［5］B.W. 卡尔尼克．禽病学［M］．高福，苏敬良，译.10 版．北京：中国农业出版社，1999.

［6］王春雷，廖元才．种蛋的孵化技术［J］．家禽科学，2009，11：37–39.

［7］王金，杨景晁，周开锋，等．蛋种鸡饲养管理中的几个关键点［J］．家禽科学，2016，2：27–29.

［8］刘咏梅．高产蛋鸡的识别与饲养管理［J］．养殖与饲料，2019，4：40–41.

［9］宋华英，赵克强，郑玉龙．建立鸡蛋可追溯模式与规程之采析［J］．生产管理与食品安全，2014，2：150–152.

［10］周伟，郭红光．种蛋孵化技术［J］．中国畜禽种业，2016，12：125–126.

［11］邱阳，黄金龙．规模化蛋鸡场生物安全体系建设探讨［J］．现代农业科技，2020，6：126–127.

［12］高佰华．蛋鸡啄羽、啄肛、啄蛋的原因及防治措施［J］．饲料博览，2017，4：47.

［13］皮劲松，张昊，万绪波．蛋鸡养殖场臭气产生与治理［J］．养殖与饲料，

2019，1：8–10.

［14］杜雪晴，廖新俤．病死畜禽无害化处理主要技术与设施［J］．中国家禽，2014，5：45–47.

［15］白红武，滕光辉，马亮，等．蛋鸡健康养殖网络化管理信息系统［J］．农业工程学报，2006，10：171–173.

［16］刘金华，甘孟侯．中国禽病学［M］．北京：中国农业出版社，2016.

［17］王凡．鸡传染性鼻炎的流行病学、实验室诊断和防治措施［J］．现代畜牧科技，2019，10：135–136.

［18］文开．鸡新城疫的病原学、流行病学及综合防控措施［J］．中国畜禽种业，2021，9：180–181.

［19］王艳丰，张丁华，朱金凤．鸡滑液囊支原体病流行现状及防控技术研究进展［J］．中国畜牧兽医，2021，48（8）：3038–3049.

［20］王洪娟．霉菌毒素对蛋鸡的危害及防治［J］．中国畜牧兽医文摘，2017，33（10）：162.